联合国粮食及农业组织动物生产与健康系列图书

QUALITY ASSURANCE FOR MICROBIOLOGY IN FEED ANALYSIS LABORATORIES

饲料微生物分析实验室质量保证手册

Richard A. Cowie 著

刘华伟 张 凯 王 阳 李和刚 译

Published by

the Food and Agriculture Organization of the United Nations

and

China Agricultural and Science Technology Press LTD

中国农业科学技术出版社

图书在版编目（CIP）数据

饲料微生物分析实验室质量保证手册 = Quality assurance for microbiology in feed analysis laboratories /（英）理查德·A. 考伊（Richard A. Cowie）著；刘华伟等译 .—北京：中国农业科学技术出版社，2021. 3

ISBN 978-7-5116-5203-4

Ⅰ. ①饲… Ⅱ. ①理… ②刘… Ⅲ. ①饲料分析—微生物—质量检验—质量管理—手册 Ⅳ. ①S816.17-62

中国版本图书馆 CIP 数据核字（2021）第 031613 号

责任编辑 金 迪
责任校对 李向荣
责任印制 姜义伟 王思文

出 版 者 中国农业科学技术出版社
北京市中关村南大街12号 邮编：100081
电 话 （010）82109705（编辑室）（010）82109702（发行部）
（010）82109709（读者服务部）
传 真 （010）82106625
网 址 http: // www.castp.cn
经 销 者 各地新华书店
印 刷 者 北京建宏印刷有限公司
开 本 787mm × 1 092mm 1/16
印 张 12.25
字 数 249千字
版 次 2021年3月第1版 2021年3月第1次印刷
定 价 86.00元

《饲料微生物分析实验室质量保证手册》

译者名单

主　译：

刘华伟　青岛农业大学

张　凯　青岛农业大学

王　阳　青岛农业大学

李和刚　青岛农业大学

副主译：

吕孝国　青岛农业大学

刘开东　青岛市畜牧工作站（青岛市畜牧兽医研究所）

郝小静　青岛市畜牧工作站（青岛市畜牧兽医研究所）

郝海玉　青岛市畜牧工作站（青岛市畜牧兽医研究所）

译　者：

马胜楠　青岛农业大学

杨丽婷　青岛农业大学

王子渲　青岛农业大学

都萌萌　青岛农业大学

张　宁　青岛农业大学

秦怀远　青岛农业大学

张权威　青岛农业大学

胡　颖　青岛农业大学

赵潇晗　青岛农业大学

陈　涵　青岛农业大学

张晶晶　青岛农业大学

项目支持

青岛创业创新领军人才计划项目（18-1-2-14-zhc）

青岛农业大学高层次人才科研基金（6651119015）

青岛市民生科技计划项目（19-6-1-63-nsh）

山东省自然科学基金（ZR2017LC024）

前 言

动物养殖会对农业的许多领域产生影响，如生产力、环境排放、水污染、土地利用、动物健康、产品安全、产品质量和动物福利。此外，动物养殖是否科学还会影响到畜牧业的各个部门、相关服务以及动物和人类的福祉。什么才是科学的动物养殖方式呢？科学的动物养殖是指给动物提供营养均衡、未受污染且不含会对动物机体产生不良影响成分的饲料，并使饲料营养水平符合生产目标（应考虑动物的生理状态），最终生产出可以安全食用的动物产品。

微生物是动物饲料中最主要的污染物之一。因此，饲料中有害细菌、酵母菌、真菌和寄生虫的检测和计数对动物和食用动物产品的人类的健康至关重要。在动物饲料微生物分析实验室内建立健全的质量管理体系对于提供可靠的检测数据至关重要，并可保证试验结果的准确性。

国际专家在访问发展中国家的饲料分析动物营养实验室后发布的报告中强调，需要强化这些实验室的质量保证体系。如果没有健全的质量管理体系，微生物实验室人员则无法评估试验结果的质量。在发达国家进行的各种试验表明，饲料分析实验室中测定的某些常规基础数据存在不可接受的差异。同样，从发展中国家饲料行业获得的饲料分析数据可靠性的证据表明，其结果也存在不一致的问题。因此，迫切需要编制一份涵盖质量保证体系的文件。

此前由 9 位专家组成的小组制订和编写的《动物饲料分析实验室质量保证手册》，重点介绍了饲料营养价值测定和饲料成分的基础分析。该手册全面介绍了各种实验室操作、质量保证流程及各个专业实验室中使用的标准操作流程示例。

然而，还需要具有微生物学和质量保证经验的专家组编写一份专门介绍微生物实验室的微生物检测流程和质量保证的手册。本手册已经通过国际专家的同行评审，手册中的操作和流程将有助于微生物实验室获得认证或提高认证所需的能力，并将提高饲料分析实验室所测定的微生物数据质量。此外，本手册所提出的实验室操作可以保障实验室工作人员的健康和安全，保护环境免受实验室排放污染物的影响，并可提高实验室的工作效率。本手册将为微生物实验室提供良好的技术指导，使之能够开发出符合国际标准要求的流程。此外，本手册可能对实验室从业人员、实验室分析人员、实验室管理人员、研究生和教师有所帮助，并希望能够使从事畜牧业的人员认识到可靠的数据和相关的质量保证的重要性。本手册可以提高实验室人员和研究人员的技能和知识，也将使质量保证体系成为微生物学实验室运营的一个组成部分，还可以协助各国饲料分析实验室获得国际标准认证。

质量保证体系实施的另一个作用是增强从科研机构毕业的学生研究和教育的能力，并促成发展中国家与发达国家之间更好的贸易环境。这将带来长期利益，并将促进对饲料行业和研发机构的投资。

本手册还可作为开发自学电子模块的基础及组织实验室管理人员和实验室分析员进行微生物学实验室质量保证体系培训的依据。

Berhe G. Tekola
联合国粮食及农业组织动物生产和卫生司

致　谢

我们感谢所有同行评审员（在本手册结尾列出）以及 Fallou Gueye 和 Philippe Ankers 审校本手册，并感谢他们对改进本手册所提出的意见和建议。本手册的编制由 Harinder P.S. Makkar 协调和管理。Philippe Ankers 提供的出色支持受到高度评价。同时也感谢 Carmen Hopmans 和 Claudia Ciarlantini 对本手册的排版设计。

目　录

第一部分
微生物实验室质量管理体系

引 言

动物饲料的可获得性和饲养的有效性是保证家畜生产的基础。通过饲料均衡配给和适当饲料配方可以提高动物的生产力、动物产品质量和动物福利。此外，为了减少家畜对环境的污染，饲喂符合动物生理状态的饲料也是必不可少的。

为了更好地保护动物和人类的健康，促进发展中国家和发达国家之间的贸易，质量保证势在必行。

微生物是天然存在的，可能会污染谷物、饲料和蔬菜。但是，某些微生物也可以产生有益的效果，如在青贮饲料制作过程中促进饲料发酵，或将某些具有益生特性的细菌或酵母菌添加到动物饲料中。

动物饲料在田间或潮湿条件下可能会被有害的细菌、酵母菌或真菌污染，如大肠杆菌、李斯特氏菌、沙门氏菌或曲霉菌。动物摄入被污染的饲料会对其健康和生产性能造成不利影响，并可能会感染人类。

质量保证体系可确保给客户提供可靠的实验室结果，通过对微生物学实验室结果进行不断监测，以进行及时的改进。

质量管理体系使管理层、工作人员和客户确信，所有可能影响结果质量的技术、管理和人力因素都将不断受到监测，以防止产生任何不合格的数据，并及时改进。一套有效的质量保证体系可以确保动物营养或饲料分析实验室检测数据的准确性，并满足客户的期望，使检测结果值得信赖。

实验室之间标准统一及相互认可有助于促进动物产品的国际贸易，最终将改善世界各地农场动物和人类的健康。

本手册旨在对以往出版的《动物饲料分析实验室质量保证》（联合国粮食及农业组织,2011）进行补充，并着重描述了动物饲料中微生物的分离和检测流程。这两份手册可供动物营养或饲料分析实验室使用，并可作为参考以供特定实验室实施适合其具体情况的标准操作流程。然而，本手册是遵循普遍性原则而编制的，并不一定适用于每个实验室的情况。

本手册中描述的质量管理体系是基于 ISO/IEC 17025:2005 原则和 EA-04/10《微生物实验室认证》，旨在帮助实验室人员遵守标准操作流程，同时提供一致、可靠、高效和专业的服务，达到实验室客户要求和期望的质量水平。这需要通过实验室各级管理人员和工作人员承诺采用实验室标准操作流程来实现，从而确保检测服务和结果的质量。

由于各个实验室之间差异很大，因此必须有一个灵活而详细的质量管理体系。实验室人员必须了解质量保证的基本原则，并且必须将这些原则应用到他们工作的所有领域，只有这样才可以保持检测结果的准确性，这是任何实验室最重要的原则。本手册为微生物实验室提供了一个坚实的基础，在此基础上他们可以开发一个符合国际标准要求的质量保证体系。

本手册包括两个主要部分。第一部分介绍了在微生物和饲料分析实验室所必须遵守的一些普遍的质量保证流程。第二部分包含一些基本的微生物学操作、微生物样品制备和处理流程，以及一些常见的动物饲料中微生物污染物的分离和检测流程。所描述的大多数方法都是从具有 ISO/IEC 17025:2005 认证的实验室中借鉴的，这些实验室的工作人员多年来一直在使用这些方法，并且这些方法已被证明是可靠的。但是，工作人员也可以采用本手册中介绍的其他方法或改编的方法。

ISO/IEC 17025:2005 应与 EA-04/10（欧洲认证合作组织）《微生物实验室认证》一并阅读使用。本手册补充了 ISO/IEC 17025:2005 标准，并为实验室进行微生物测试提供了具体指导。EA-04/10 还将为致力于 GLP（良好实验室规范）、GMP（良好生产规范）和 GCP（良好临床规范）的微生物实验室提供指导。

参考文献

FAO. 2011. Quality assurance for animal feed analysis laboratories. FAO Animal Production and Health Manual No. 14. Rome，Italy.

ISO/IEC 17025:2005. General requirements for the competence of testing and calibration laboratories. Geneva，Switzerland.

术语表

认证：由第三方认证机构（通常是政府机构）对实验室是否符合 ISO/IEC 17025:2005 认证标准进行确认。

精确度：观察值或测量值与可接受值或“真实值”之间的差值。由于精确度同时受随机误差和系统误差的影响，精确度也可以定义为系统误差与随机误差之和。

异常：已经（或有可能）对实验室工作产生负面影响的意外事件。

生物安全：一套预防措施，旨在减少将病原体引入封闭实验室的风险。

空白：不含添加分析物的样品，或用这样的方式处理的样品，使期望的反应没有发生，例如，省略一种可用于产生反应的试剂。

证书：由独立的第三方认证机构来确认符合标准的具体要求。如 ISO 9001:2008 或 ISO 14001:2004。证书也可称为“注册”。

《2002 年有害健康物质收集条例》（COSHH）：对工作场所中与某物质有关的具体危害，如接触身体健康危害和事故响应计划进行详细说明的文件（英国法定）。

投诉：客户对实验室工作质量和结果不满提出意见。

防控水平（CL）：在封闭的实验室中处理潜在有害生物样品时应采取的生物防护措施。防控水平从 CL1（最低水平）到 CL4（最高水平）。

纠正和预防措施（CAPA）：纠正措施是指当过程偏离质量管理体系规范时采取的措施。纠正措施消除“原因”，预防措施防止复发。纠正和预防措施可能因异常或客户投诉而发生。

文件：一种受控的书面策略、流程或工作指令，定义操作人员做什么和如何做。受控是指文件在发布时说明了撰写或授权该政策或流程的人，并公布版本号，以避免使用不再有效的文件。文件的控制通常由质量保证主管负责。

差距分析：旨在确定当前活动与符合标准或管理体系要求的活动之间“差距”的审计。

高效微粒吸收（HEPA）：实验室中使用的一种过滤器，可 99.97% 去除空气中大于 0.3μm 的颗粒。经常用于微生物实验室的生物安全柜。

影响评估：调查和确定不符合或异常情况对所承担工作产生影响的流程。

综合管理系统（IMS）：符合质量管理体系（ISO 17025:2005 或 ISO 9001:2008）、

环境管理系统（ISO 14001:2004）和职业健康和安全管理系统（BS OHSAS 18001:2007）要求的综合管理系统。

国际标准化组织：总部设在瑞士日内瓦的国际标准制定机构。国际标准化组织由来自世界各地、各国家标准组织的代表组成，负责标准的推广和传播。

内部质量保证（IQA/ 环试验）：实验室提供的样品能够满足质量要求，并可代替能力验证样品。

内部质量控制（IQC）：可追踪已知值的样本，用于确认流程是否按预期工作。

检测极限（LOD）：特定流程上的可感知的最低信号。LOD 被定义为 3 倍空白平均值的标准差。

材料安全数据表（MSDS）：是与某一物品或化学物质一起提供的资料，可为工人和应急救援人员提供有关安全工作和处理的信息。MSDS 中的信息可以包括物理数据、毒性、急救、健康影响、反应性、储存、处置、PPE 要求和有关泄露的信息。

测量不确定性（MU）：衡量实验室测试结果可靠性的指标。

不符合项：在审核过程中发现的违反质量管理体系、健康和安全管理体系、环境管理体系、标准操作程序或标准的情况。

个人防护设备（PPE）：为实验室工作人员和访客提供的安全设备，以减少受伤或污染的风险。主要包括实验服、护目镜、手套等。

能力样品（外部质量保证，EQA）：外源提供的样品，用于比较相似实验室之间的实验室结果，这些样品可以用作内部质量控制样品。外部能力验证提供者应持有 ISO/IEC 17043:2010—合格评定—能力验证的认证。

质量保证（QA）：在实验室内实施的有计划的和系统的活动，为实验室结果的准确性和可靠性提供保障。

质量控制（QC）：用于监测过程或检查结果的活动，并保证所有活动都在实验室设定的预定范围内进行。

质量管理体系（QMS）：机构中所描述工作活动的所有记录和实施的流程。

记录：可以是电子的或纸质的。例如，监管链文件、样本结果、工作表、质量保证 / 质量控制数据、审核结果、校准记录等。

标准操作流程（SOP）：描述方法中所采取的特定步骤的文档。该方法可以是特定的分析流程，也可以是控制所执行工作一般策略（例如，培训记录、处理投诉或天平使用）。标准操作流程可以是纸质的，也可以是电子的，但必须妥善保存，在使用时进行控制并提供给使用者。

可追溯性：测量结果的属性，通过一系列不间断的比较，它可以与规定的参考标准（通常是国际标准）相关联。

受训员：在工作场所接受培训的人。

培训员：受过培训并胜任某一流程并可对其他人进行培训的人。

验证：证明和记录某一流程适用于其目的，并确定可能适用的检测范围的过程。

质量保证目的和指南

实验室质量计划是改善发展中国家农业实验室的关键。实验室质量手册是向实验室工作人员传达实验室检测方式的重要依据。实验室工作人员遵守实验室质量手册对于确保微生物学试验结果的质量和一致性至关重要。实验室质量手册可能无法涵盖实验室环境中出现的所有情况和变量，任何重大变化都必须得到管理层的同意，并且必须记录在案。

实验室管理层对实验室生成的所有数据的质量和完整性负责。管理层通过遵守实验室质量手册、质量保证流程，以及通过制订和遵守标准操作流程（SOPs）来保证实验室结果的质量。

质量保证体系获得第三方认可（或认证）为客户提供了保证，即实验室运行的质量保证体系符合国际公认标准的要求。实验室能力测试和校准所要求的国际标准是 ISO/IEC 17025:2005。

实验室或组织获得 ISO 9001:2008（质量管理体系要求）的认证（或注册）是获得 ISO/IEC 17025:2005 认证的基础。符合 ISO/IEC 17025:2005 标准的测试和校准实验室也应按照 ISO 9001:2008 标准运行。

实验室也可以考虑通过 ISO 14001:2004（环境管理体系）或 BS OHSAS 18001:2007（职业健康与安全管理体系）的认证，这些认证可与 ISO 9001:2008 和 ISO/IEC 17025:2005 认证标准相符。

如果一个实验室获得一个以上国际标准的认可或认证，其可以开发一个综合管理系统，该系统应配有一份质量手册和一套标准操作规程，并应涵盖认可或认证标准的所有要求。

微生物实验室的组织结构和职责

实验室中的每个成员都应该拥有经明确界定和记录的职责（岗位描述）。因此，实验室质量体系文件中应包括一份组织结构图，该图清楚地展示了组织管理和报告结构，并在员工培训记录过程中提供。

实验室主管 / 主任：对质量体系实施负有最终责任。实验室主管 / 主任将签署质量声明和质量手册，以证明高级管理层对质量管理体系的承诺。同样，实验室主管 / 主任将签署健康与安全声明和环境管理声明（如果有）。

质量保证主管：直接向实验室主管 / 主任报告，并负责维护和开发实验室使用的质量流程。质量保证主管应确保定期进行内部审核，并促进认证和监管机构的外部审核，负责对供应商和分包商的审核（在必要和适当的情况下），并对异常情况、不符合项和客户投诉进行处理。质量保证主管也可酌情将这些职责委托给合格的实验室工作人员。

实验室分析员：在实验室主管 / 主任的指导下，负责执行微生物检验流程，遵循所有质量规程，同时还应考虑任何可能改进的机会。

实验室分析员也可以被称为“科学家”“技术人员”“微生物学家”或符合当地使用的岗位名称。

实验室健康和安全主管可以被单独任命（或者这个角色可以由实验室主管 / 主任或质量保证主管担任）。健康和安全主管负责维护和开发实验室内的职业健康和安全管理体系，并确保符合健康和安全的法律法规。这项职责在安全防控 2 级（CL2）和安全防控 3 级（CL3）微生物实验室中尤为重要。

实验室环境主管也可以单独任命（该职位也可以由实验室主管 / 主任或质量保证主管担任）。环境主管负责维护和开发实验室的环境管理系统，并确保符合当地的环境法和相关法规。

微生物试验只能由有经验的人员执行或监督，该人员应具备微生物学方面的相关资质或具有在实验室进行微生物学工作的相关知识和经验。实验室分析员必须具备相关知识、技能和实践经验，才能在实验室内不受监督地开展工作。所有此类培训必须记录在案并保存备查。

所有实验室分析员必须接受过实验室所有设备操作方面的培训，并必须记录在案。

此外，还应对其持续能力进行客观监测，并在必要时由监管人员提供再次培训。如果经过培训的实验室员工因产假或长期病假而长时间缺勤，他们必须经实验室主管签字确认合格后才可以返回相应的工作岗位。

参考文献

BS OHSAS 18001:2007. Occupational health and safety management systems-requirements. BSI，London，UK.

European co-operation for accreditation. 2002. EA-04/10 Accreditation for microbiology laboratories EA-04/10 G:2002. Paris，France.

ISO 9001:2008. Quality management systems-requirements. Geneva，Switzerland.

ISO/IEC 17025:2005. General requirements for the competence of testing and calibration laboratories. Geneva，Switzerland.

ISO 14001:2004. Environmental management systems-requirements with guidance for use. Geneva，Switzerland.

微生物实验室人员的培训、资格和能力

经过良好培训的实验室人员对于获得质量合格的分析结果至关重要。实验室主管 / 主任必须确保实验室人员具备履行其职责的知识、技能和能力。实验室人员能力的形成是建立在教育、经验、技能和培训的基础上的。实验室员工培训档案应包含个人教育、经验、技能和所担任职位相关的培训资料。

在处理客户提交给实验室的样品时，还应考虑确保实验室分析人员的保密性和独立性。

实验室分析员应按照实验室的培训流程进行培训。实验室分析员在向客户报告任何微生物试验结果之前，必须证明其对微生物学操作方法的熟练程度，并进行记录。

实验室新的分析人员获得合格认证的第一步是阅读适当的标准操作流程（SOP），可以从实验室主管 / 主任或质量保证主管处获得该文件，并且应同熟悉该文件流程的人员一起阅读学习。此后，受训员应观察和学习培训员如何处理样品，在观察操作流程后，受训员可以在培训员的监督下对已知样品（之前加工的样品，如提交内部质量保证或外部质量保证）进行操作，受训员也可以与培训员同步操作。受训员在培训过程中所处理的样本数量应由培训员在其培训档案中给予说明和证明。

当培训员和实验室主管 / 主任确信受训员已在培训流程中显示出胜任工作的能力时，他们才被视为培训合格。受训员胜任能力情况应通过从已知样本中获得期望的结果来证明，或通过使培训员和受训员处理平行的未知样本并获得相同结果来证明。

培训过程中的所有材料都应记录在个人培训档案中。

为了确保所有实验室人员的安全，受训员必须阅读所有分析中使用的化学品或试剂的材料安全数据表（MSDS）或健康公害性物质（COSHH）表格，并适当熟悉处理 2 类和 3 类病原体相关的风险评估措施，并且在开始任何分析之前，受训员应清楚了解所有化学品和生物危险废物的毒性水平和废物处理方法。同样，个人培训档案中应记录包含所有健康和安全培训相关的材料。

此外，持续能力还应通过定期参加外部能力验证计划（外部质量保证，EQA）、内部质量保证（IQA）或环试验计划来证明，并适当记录。如果有多个实验室分析员均要参加 EQA 或 IQA，可以创建一个时间表，确保每个分析员均有定期参与的机会。EQA 和 IQA 样品应作为常规样品进行处理和报告，决不允许几个实验室分析员协同处理。可以考虑使用 IQA 盲样，并保证只有实验室主管 / 主任和质量保证主管知道样品是 IQA 样品的一部分，从而确保 IQA 样品的处理和检测与常规样品完全一致。

实验室主管 / 主任和质量保证主管应彻底调查 EQA 或 IQA 过程中出现的所有异常结果，并确定异常结果出现的原因，制订可能需要的纠正和预防措施（CAPA）。此外，还应考虑召回发现异常 EQA/IQA 之前发布的检测结果，并暂停检测，直到确定异常结果的原因为止。

应该详细记录此类调查的所有细节，并在必要时记录任何影响评估的纠正和预防措施。

参考文献

BS OHSAS 18001:2007. Occupational health and safety management systems-requirements. BSI，London，UK.

European co-operation for accreditation. 2002. EA-04/10 Accreditation for microbiology laboratories EA-04/10 G:2002. Paris，France.

ISO 9001:2008. Quality management systems-requirements. Geneva，Switzerland.

ISO/IEC 17025:2005. General requirements for the competence of testing and calibration laboratories. Geneva，Switzerland.

ISO 14001:2004. Environmental management systems-requirements with guidance for use. Geneva，Switzerland.

办公区（设施）和环境

在建立微生物实验室或考虑现有实验室的认证时，应考虑微生物检测设施的一些基本要求。

实验室的布置应保护所提交样品的完整性，防止样品之间的交叉污染，并避免危害工作人员的健康。除了样品接收区域外，所有样本均应被限制进入，从接收样品至保存样品、制备样品、测试样品，然后储存和处置样品，应有明确界定的“单向”路径。只有经授权的工作人员才可以进入实验室区域，并应考虑安全进入方式（如键盘输入系统），特别是对于CL3实验室设施。

实验室工作区域必须选择光滑的、不吸水的墙壁和地板，以便对溢出的微生物进行消毒处理。实验室工作台必须是防水的，并且耐腐蚀。微生物实验室内不应有纺织物品（即没有地毯、窗帘或织物覆盖的椅子），实验室内桌椅应为金属或塑料材质，如果有可能，窗帘应使用塑料或金属百叶窗，应避免使用裸露的木制品。

在进行实验室常规清洗和处理溢出的微生物过程中应使用合适的微生物消毒剂（如5%次氯酸钠）。当对消毒剂敏感的试验（如酶联免疫吸附试验）可能产生污染时，则可用70%的酒精替代5%次氯酸钠进行消毒。如果有CL3实验室，则该实验室应有特定的清洁和消毒流程。

实验室工作台和房间的消毒也可选择使用紫外灯（黑光灯），实验室工作结束后开启紫外灯一整夜，或者使用定时器在照射适当的时间后将其关闭。

实验室天花板应选择表面光滑的材质，灯具应与天花板齐平。如果实验室条件不能满足，应定期进行清洁和检查，并进行记录。实验室照明亮度应满足工作人员进行微生物分析的需求。

实验室分析人员应穿戴适当的个人防护装备（PPE），如实验服（应具有防火特性、衣服应具有松紧袖口），并且任何时候在实验室内都应穿戴实验室工作服。对于所有可能涉及DNA相关工作的CL3实验室或分子生物学实验室应配备专门的实验服。某些实验室也可提供手术型短袖上衣和裤子来替代实验服。

此外，微生物分析实验室内还应该考虑温度的控制，因为过热可能会影响用于微生物检验样品的完整性。微生物实验室不允许开窗降低室内温度，因为该过程可能会使实验室受到外界环境的污染，而且也可能导致CL2和CL3实验室内病原体污染外界环境。实验室内也应该避免使用风扇，因为可能会引发气溶胶污染的风险，因此，应使用空调（配备有适当的过滤装置）进行实验室内温度的控制。处于热带环境中的实验室，可以朝北（在北半球）或朝南（在南半球）建设，以减少直接阳光积聚的热量，并且可以在建筑物的外部设置遮阳板。

此外，还应考虑控制疾病传播的某些媒介，如昆虫和啮齿动物，从而避免微生物实验室可能对外界环境造成的污染（如 CL2 和 CL3 级病原体）。

微生物实验室应设立单独的区域或指定的区域进行不同的操作流程，如样品接收、储存、制备、检测等。此外，建议实验按时间或空间分隔开，以避免交叉污染。应明确标识“洁净”材料（如培养基、试剂、检测试剂盒等）和“不洁净”材料（如实验前后的样品），以避免污染。

实验室分析员必须有足够的操作空间，并保证工作区域整洁干净。实验室必须通过风险评估，提供盥洗设施，应考虑增加淋浴及准入设施，并应通过风险评估的方式对溢出的微生物进行消毒处理。

如果微生物实验室要进行 CL3 级病原体检测试验，则必须在专门的 CL3 实验室内进行。只有 CL3 级相关的试验在此实验室中进行，而且必须配备专用的设备。CL3 实验室的窗户必须密封，只有经过培训和授权的实验室分析人员才能进入（可以设置键盘输入系统或类似的准入方式）。CL3 实验室必须配有观察窗口，允许实验室外人员可以观察到 CL3 实验室内分析员所开展的工作，CL3 实验室必须配备有负压设施，通常情况下可以使用微生物安全柜来实现。CL3 级病原体应在生物安全柜内进行处理，而且该微生物安全柜需配备有高效微粒吸收设施（HEPA）过滤设施，对循环空气进行过滤，并确保定期维护。CL3 实验室内的工作人员必须穿戴专用的实验室工作服（或合适的防护服）和鞋套，并且任何时候都应佩戴一次性手套。如果需要（泄漏后或常规维护前），可以对 CL3 实验室进行密封熏蒸消毒。

微生物实验室（包括 CL3 实验室）内必须设置用于清洁受污染设备和处理生物危险废弃物的专用区域，并且只有经过培训的员工才能履行这项职责和操作相关的设备（如高压灭菌器）。

此外，微生物实验室内应配备足够的急救设施，以及受过急救训练的工作人员和灭火器，实验室工作人员也应熟悉灭火器使用方法。

参考文献

BS OHSAS 18001:2007. Occupational health and safety management systems-requirements. BSI，London，UK.

European co-operation for accreditation. 2002. EA-04/10 Accreditation for microbiology laboratories EA-04/10 G:2002. Paris，France.

Health and Safety Executive (HSE). 2001. HSE Management，design and operation of microbiological containment laboratories. HSC，Advisory Committee on Dangerous Pathogens，2001. HSE books，Sudbury，UK.

微生物学检验——方法的选择和验证（包括检测不确定性）

对于质量保证体系范围内的所有试验，必须在实验室中选择适当的测试方法和流程，进行选择、记录、控制和实施。在适当的情况下，这些方法和流程需要经过适当的验证和测量。

在上述过程中尽可能使用公认的标准方法，如国际、地区或国家标准中公布的方法，而不是实验室开发的方法或非标准方法。实验室必须确保使用最新标准方法的有效版本，除非采用此方法不合适。此外，也可以采用经过验证的由知名技术组织发布的方法，或源自公认的科学文献或期刊的方法。

当认为有必要并与客户达成协议时，可以在标准方法上补充其他信息或细节，以确保前后一致。

实验室主管 / 主任和质量保证主管必须选择最合适的测试方法，既能满足客户的需求和期望，又能满足质量保证体系和 ISO/IEC 17025:2005（如果合适）的要求。实验室主管 / 主任应指派能胜任的人员来开发测试方法。

实验室开发的方法和非标准的方法（包括修改后的标准方法和在预期范围内使用的标准方法）

任何非标准方法在使用前都必须经过适当的验证，并确定测量不确定性。

如果公认的标准方法要在预期的范围外使用或以任何方式进行修改，则必须进行验证以确认其仍然适用，并记录为实验室开发的方法。

参与测试方法开发的所有实验室人员必须具有足够的资格和经验，并应记录开发过程中每个阶段的结果。如果有必要使用非标准方法，则需实验室主管 / 主任征求获得客户同意，并且必须确保测试方法能够满足客户的要求。

在开发新方法之前，需要与客户达成一致并确认以下信息。

- 测试范围。
- 待测样品类型。
- 参数。
- 数量和范围。
- 仪器和设备，包括技术性能要求。

- 所需的参考标准和参考材料。
- 所需的环境条件。
- 过程描述。

在描述过程时，应考虑下列事项。

- 样品的搬运、运输、储存、准备和处理（包括样品的保存）。
- 设备维护和校准。
- 健康和安全事项及风险评估。
- 批准 / 拒绝测试结果的标准及相关说明。
- 结果报告。
- IQC、IQA、EQA 和不确定性估计。

测试方法的要求

验证是指通过审查和提供客观证据来确认一种方法满足要求并适合其预期用途。对于非标准方法、实验室设计的方法、超出其预期范围的标准方法以及修改过的标准方法，都需要进行验证。验证完成后，将由实验室主管 / 主任批准测试，批准声明应包含在验证报告中。通常由质量保证主管和实验室主管 / 主任决定所需验证的范围。为了满足测试方法的应用需求，验证范围应尽可能广泛，并且应包括采样、处理、存储、运输和准备测试等流程。

实验室内用于验证试验方法的技术应尽可能包括以下内容。

- 使用认证的参考标准进行测试。
- 与其他已经过验证的方法取得的结果进行比较。
- EQA、IQA 和内部质量控制结果。
- 实验室间比较。
- 系统评估影响测试结果的因素。
- 根据经验和对方法原理的科学理解，来评估测试结果的不确定性。
- 理解方法的原理。

如果经过验证的非标准方法进行了修改，则应由实验室主管 / 主任确定并记录此类变化的影响，并在合适的情况下对方法进行重新验证。

质量保证主管和实验室主管 / 主任负责确保经过验证的方法所获得数据的范围和准确性达到了客户的要求。

检测不确定性（MU）估计

实验室必须尝试识别可能影响结果的所有不确定因素，并基于对方法性能的了解，对结果的可靠性做出合理的估计。如果确定某个步骤有可能影响结果，则实验室必须采取适当的流程或控制措施来减少此类影响。

同其他一些类型的实验室检测不同，微生物定性检测不需要对测量不确定度进行严格的计量和统计上的有效计算。通常可以根据数据的可重复性和再现性（包括能力验证结果）判断检测结果的不确定性。

此外，应对微生物检测中构成不确定性的因素（如称重、移液管的使用、孵育等）进行标识，并证明其处于质量保证体系的控制之下。虽然某些因素（如样品制备或样品条件）无法通过这种方式进行控制，但也应考虑其对最终结果变异的影响程度。

质量保证主管和实验室主管 / 主任有责任确保在适用的情况下采用估计检测不确定度的流程，并指派合格的人员来估计和测试检测方法的不确定性。

实验室人员在评估检测不确定度的严格程度时，应考虑以下几方面。

- 测试方法的要求。
- 客户的要求。
- 基于符合规定的决定而存在的局限。

数据控制

质量保证主管和实验室主管 / 主任将决定对所有计算和数据进行何种检查。此类检查的要求和相关流程应在相应的标准操作流程中进行详细说明。

当使用计算机或自动化设备来采集、处理、记录、报告、存储或检索测试数据时，实验室应确保以下几方面。

- 内部开发的任何计算机软件都应有足够详细的文档记录，并经过适当验证，证明可以充分使用。
- 建立并实施保护数据的流程。
- 通过受保护的访问来保护硬件和软件的安全。
- 维护计算机和自动化设备以确保正常运行，并提供维持测试结果和内部校准数据完整性所必需的环境和操作条件。

在设计应用流程中使用的商业软件默认为已得到充分验证（例如，统计软件、电子表格和文字处理软件）。如果实验室对商业软件进行了任何修改，则需进行适用性验证。

除非实验室应用了直接数据采集系统，测试结果一经确定，应以书面形式记录。为了提供审核线索，所有的书面检测结果应附有执行测试的实验室分析员的首字母签名、日期和样本标识。此外，还应记录培养基和试剂的批号以及所用的关键设备的详细信息，以便必要时可以重复执行该流程，从而重现原始测试的准确条件。记录实验分析员以及培养基和试剂的批号也将有助于识别可能受分析人员、设备、部件异常或故障影响的结果。

只有经实验室授权的人员可以对测试结果（包括计算机文件）进行处理、存储和传输。为了确保客户的数据安全，应设定密码来保护计算机记录和测试数据。

参考文献

EURACHEM/CITAC. 2012. Quantifying uncertainty in analytical measurement 3rd edition 2012. Eurachem/CITAC guide CG4 2012. Uppsala，Sweden.

European co-operation for accreditation. 2002. EA-04/10 Accreditation for microbiology laboratories EA-04/10 G:2002. Paris，France.

ISO/IEC 17025:2005. General requirements for the competence of testing and calibration laboratories. 5 Technical requirements，5.4 Test and calibration methods and method validation. Geneva，Switzerland.

UKAS. 2000. The expression of uncertainty in testing. UKAS publication ref Lab 12 Edition 1，October 2000. Feltham，UK.

标准操作流程（SOPs）

原则

该流程的目的是定义所有标准操作流程和受控文件的格式和内容，并提供有关其审核、批准和控制的说明。

受控文件可能包括标准操作流程、校准表、图表、教科书、参考资料、软件等，这些可能是复制副本或电子文档。受控文件应在使用时提供。

为了避免使用的副本失效，应禁止复制（全部或部分）受控文件。

标准操作流程和受控文件可能与微生物实验室内的质量保证、健康和安全、环境管理或一般管理有关。

范围

本文件适用于质量管理体系内的所有受控文件。

责任

- 实验室主管 / 主任。必须由一位技术娴熟的人授权标准操作流程的使用。
- 质量保证主管。必须正式印发、突出显示受控文件以供审核，并视情况撤回受控文件。质量保证主管将管理控制流程的变更，该流程应记录对受控文件所做的所有变更。
- 实验室分析员。所有员工均可撰写或审核标准操作流程。

步骤

更新 / 发布——当更新现有的受控文件或发布新的受控文件时，必须遵循正式的变更控制流程，并应证明和授权对受控文件进行的任何更改。

标准操作流程应该由经验丰富的实验室分析员编写，并提交给拥有该技术能力的人员批准发布。

格式——应该用统一的格式（字体，版式等）编写标准操作流程。

每个文件应根据特定的详细信息进行格式统一，如下所示。

- 页眉 / 页脚。页眉将由标准操作流程编号、标题、作者、批准者、生效日期、审阅日期和版本号组成，页脚将包含分页（即第 X/Y 页）。

- 更新标记。这将突出显示最近进行的更改 / 修订。
- 原则。本节将记录该流程的目标。
- 范围。本节详细介绍了该流程所涉及的领域，并包括所有测试限制（样品标准和测试限制）。
- 职责。参与流程的人员及其职责。
- 设备。仅包含在测试方法中，列出执行该流程所需的设备。
- 试剂。只包含在测试方法中，列出所使用的试剂 / 试剂盒、储存和供应商信息。
- 流程。以简明扼要的方式详细说明执行每个流程所需的操作以及负责人员。
- 计算。方法中所需的任何计算或数据处理。
- 质量控制。仅包含在测试方法中，参考 IQC、IQA 和 EQA 等措施。
- 备注。任何其他有用的信息等。
- 干扰和故障的排除。仅包含在测试方法中，列出执行详细方法时可能遇到的任何潜在问题以及如何解决这些问题。
- 参考资料。记录编写过程中参考的任何标准操作流程或文档的编号和标题。

除了特定的 COSHH 表格外，也可以将健康和安全信息包括任何可能适用的风险评估列入其中。

审查、批准和发布

作者（或审阅者）应确保文件的格式正确并由相关人员（如用户）审阅。当文件起草完成后，作者或审阅者将获得技术人员的授权。一旦获得授权，新的或修订的文件将不再被视为草稿，必须交由质量保证主管尽快发布。为防止无效或过时的文件被使用，应立即撤销之前的版本。

质量保证主管必须为所有受控文件指定一个当地商定的审核日期，例如 3 年，当文件到审核期时，应将文件传递给原始作者（或其他有适当资格的人），并按照上述流程进行操作，以确保文档保持最新且仍然有效。

如果该文件仍然有效且是最新版本，则应指定新的审核日期并重新发布该文件。如果文件需要更改，则应由作者进行更改并遵循上述流程。每当出现上述需要时，都可以按照上述过程对文件进行控制。

文件更新或重新发布时，都应更改版本状态，并向工作人员提供当前的文件清单。

参考文献

ISO 9001:2008. Quality management system-requirements. Geneva，Switzerland.

ISO/IEC 17025:2005. General requirements for the competence of testing and calibration laboratories. 4. Management requirements，4.3 Document Control. Geneva，Switzerland.

设备——维护和服务

原则

本流程的目的是明确记录所有设备维护、校准和识别的流程和职责，并确保用于微生物学检测的关键设备能够达到所需的精确度。

范围

本流程适用于所有提供微生物学检测结果的关键设备。

职责

- 实验室分析员。必须进行日常维护和服务，并接受相关培训。
- 实验室主管 / 主任。必须确保所有必要的维护和保养均由经过适当培训的合格人员或分包商进行。
- 质量保证主管。必须通过内部审核确保所有员工均遵守此流程的要求。

必须确保只有受过培训的人员能够使用实验室设备，并且必须制订流程记录所有实验室设备的存储、使用和维护计划。

步骤

设备记录（资产登记册）

实验室分析人员有责任确保用于测试和内部校准的每一项关键设备和所有软件都被唯一标识并记录在资产登记册上。

实验室主管 / 主任负责每项设备及其软件的维护记录，这些记录对测试和内部校准具有重要意义。每个设备的维护记录至少包括以下内容。

- 设备和任何软件的唯一标识。
- 制造商的名称、设备型号、序列号（或与之相关的信息）。
- 检查设备规格是否符合要求。
- 当前位置（如适用）和联系方式。
- 使用时的制造商说明或用户指南，或其参考位置。
- 所有校准、维护和安全检查的结果和证书，以及下一次检查日期。
- 设备的任何错误、故障、改动、损坏或维修。

- 任何有缺陷的设备都将标记为在维修好之前被禁止使用。

设备的校准状态

设备在使用之前必须检查并证明其规格符合要求。实验室必须具有记录在案的实验室设备校准计划。

需要校准的设备将由经过授权和适当培训的人员进行校准和标记，如培训记录所示。这类设备将贴上实验室指定的唯一标识，并注明校准日期和下一次校准日期。

如果在某些不切实际或不可行的情况下，可以在设备的单个物品上标注校准状态，则实验室分析人员可以轻松获得有关校准日期和校准到期的信息（例如，玻璃移液器）。

设备检查

以下内容详细介绍了保持对设备校准状态的可信度所需的任何期间核查频率和性质。

校正系数

设备校准所需的校正系数将被记录并应用于校准目的软件，或在设备的单个项目上进行说明。仅记录校正后的数据。

设备的校准和监控

校准和性能验证的频率应根据记录的经验总结确定，以及设备的需求、类型和性能来确定。校准和验证之间的时间间隔应短于发现设备偏离可接受极限的时间。

以下是微生物实验室的典型设备清单，并详细推荐了实验室应考虑的校准、监测和认证。

高压灭菌器

- 校准。年度。
- 监控。图表记录器和/或布朗氏管，定期（6个月或3个月由经批准的服务代理提供服务）。
- 证书。外部校准证书。
- 有关操作说明、时间和耐受温度，请参阅相应的高压灭菌器标准操作流程（请参阅“高压灭菌器的使用”标准操作流程）。

自动移液器

- 校准。每 3 个月进行一次校准（当使用更低的校准频率即可达到要求时，实验室需提供记录证据，以证明校准频率是“合适”的）。
- 监控。每月校准检查（对单个移液器进行抽查）。
- 证书。使用公认的方法进行内部校准（请参阅“移液器的使用”标准操作流程）。

天平/检测砝码

- 校准。年度。
- 监控。使用前检查重量。
- 证书。外部校准证书。

在年度天平校准中确定要应用于检查权重的任何校正因子，并记录在案，在需要时清楚地显示（请参阅“天平使用”标准操作流程）。

移液器

- 校准。每 3 个月校准一次（当使用更低的校准频率即可达到要求时，实验室需提供记录证据，以证明校准频率是“合适”的）。
- 监控。适当使用。
- 证书。内部校准（请参阅“移液器的使用”标准操作流程）。

玻璃器皿

- 校准。通过年度重量法获得要求的公差。
- 监控。目视检查。
- 证书。内部校准。
- 验证。对于经认证具有特定公差的玻璃器皿，无须验证（请参阅“微生物实验室玻璃器皿”标准操作流程）。

pH计

- 校准。每次使用之前用合适的校准缓冲液进行校准（即 pH4、7 和 10 的缓冲液）。
- 缓冲液应保存在适当的条件下，并指定有效期限。
- 有关特定 pH 计的操作、校准和调整的详细信息，请参阅制造商说明书（请参阅“pH 计的使用”标准操作流程）。

温度计/测温器

- 校准。年度校准，且可追溯至国家 / 国际温度标准。
- 监控。目视检查。
- 证书。使用经过认证的参考温度计进行内部校准。

在每个单元上都应详细说明要应用的校正系数，其中确定的校正系数可能会使测试结果无效。参考温度计 / 热电偶要求至少每 5 年进行一次完全可追溯重新校准。

计时器

- 校准。年度校准，使用校准后的计时器或国际计时单位。
- 监控。目视检查 / 更换电池。
- 证书。内部校准。

离心机

- 服务。每年与外部服务代理商联系（可追溯校正或根据需要使用独立的转速表检查）。
- 监控。目视检查 / 例行清洁。
- 证书。年度服务。

显微镜

- 服务。每年与外部服务代理商联系。
- 监控。目视检查 / 例行清洁。
- 证书。年度服务。

温控设备（冰箱、冰柜、水浴设备、烘箱和培养箱）

- 服务。低温冷冻设备（如 −80℃冰箱）和气压设备（如冰箱和 CO_2 培养箱）每年一次。
- 监控。每日检查温度 / 日常清洁。可使用电子监控器，当温度超出警戒范围时会报警。或使用最小 / 最大温度计，该温度在每天开始时重置。必须确保最低 / 最高温度不会超出规定的范围。
- 证书。年度服务 / 如需要应检查气压。

当新的温控设备投入使用、移动位置或进行了大型维护工作时，必须对其进行验证 / 校对。验证 / 校对是通过检测设备内各个点的温度达到期望温度并保持一致来完成的。如果设备中存在无法达到或维持设定温度的区域，则必须禁止使用该区域。这项工作必须至少每 2 年重复一次。

冰箱、冰柜、水浴设备、烘箱和培养箱应该定期清洁，清洁时间间隔由实验室自行确定。建议在水浴中使用杀菌剂清洁（请参阅“培养箱和温控设备的使用”标准操作流程）。

生物安全柜（包括层流柜）

- 服务。一年2次，由外部认可的服务代理商提供。
- 监视。目视检查/常规清洁。
- 证书。一年2次。

去离子器、蒸馏器和反渗透（RO）单元

- 服务。每年一次，由外部服务代理商提供。
- 监控。每日目视检查。
- 证书。年度服务。

厌氧罐或微需氧罐（盒）

- 服务。无。
- 监控。使用前目视检测密封性及控制指示器。
- 证书。无。

设备的移动

如果设备需要移动位置，则必须在库存/资产登记册中注明。接收设备的实验室主管/主任有责任确保设备适合预期目的。实验室主管/主任将确保在使用设备前进行任何必要的维修、保养和校准。设备记录将与设备一起保存，并在仪器接收地点进行维护。

设备的保养

实验室必须有关键设备的书面维护计划。这项计划应包括设备的清洁、维修、损坏检查，并确保由具有相关经验的人员或者服务代理商进行维修操作。

定义

- 校准。在特定条件下建立的测量仪器、测量系统指示值或材料度量值与参考标准的相应值之间的关系。
- 校准范围。仪器校准的指定范围。
- 关键设备。对测试结果有直接影响的所有设备。

参考文献

ENAC. 2004. ENAC NT-04 Rev. 2 Junio 2004. Caracterización de medios isotermos. Madrid，Spain.

European co-operation for accreditation. 2002. EA-04/10 Accreditation for microbiology laboratories EA-04/10 G:2002. Paris，France.

ISO/IEC 17025:2005. General requirements for the competence of testing and calibration laboratories. 5.5 Equipment. Geneva，Switzerland.

UKAS. 2006. LAB 14 Calibration of weighing machines. UKAS publication ref Lab 14 edition 4，November 2006. Feltham，UK.

UKAS. 2009. LAB 15 Traceability: Volumetric apparatus. UKAS publication ref Lab 15 edition 2，June 2009. Feltham，UK.

UKAS. 2012. LAB 11 traceability of temperature measurement: platinum resistance thermometers，liquid-in-glass thermometers and radiation thermometers. UKAS publication ref Lab 11 edition 4，November 2012. Feltham，UK.

微生物学结果报告

原则和范围

本流程的目的是描述将测试结果准确、清晰、明确和客观地报告给客户的过程。

结果报告应符合测试方法（SOP）中的具体说明，以确保包括有关测试的任何必要细节，并以标准格式报告结果。

责任

- 实验室主管 / 主任。必须确保结果准确、清楚、明确和客观地报告给客户，并符合测试方法中的具体说明。实验室主管 / 主任可授权适当的工作人员代表其报告结果。
- 实验室分析员。所有有权报告测试结果的人员都有责任确保按照测试方法中描述的说明，将结果准确、清晰、明确、客观地报告给客户。
- 质量保证主管。质量保证主管应确保通过定期内部审核来满足本流程的要求。

流程

测试报告必须包括客户要求的所有信息和解释结果所需的必要信息。

测试结果的解读

在解释测试结果时，授权的实验室人员必须确保在测试报告中列出以下信息。

- 对商定的测试方法的偏离和补充，或商定的测试方法之外的方法。
- 可能影响结果的特定样本条件的相关信息。如适用，应说明由于提交的分析样本不足，结果未得到验证，但已按比例进行了检测。
- 在某些情况下，遵守或未遵守要求或规格的声明。
- 在适用的情况下，关于估计的测量不确定度的说明。
- 需要时给出意见和解释。
- 客户可能需要的特殊的额外信息。

- 取样日期、样品接收日期和分析日期的详细信息；表明测试结果是指收到的样品，而不是饲料原料的信息。

向客户提供的测试结果的解释必须在测试报告中清楚地标明。

微生物实验室检测报告中的意见和解释可包括以下内容。

- 关于遵守 / 未遵守要求的结果说明和意见。
- 履行合同要求。
- 关于如何使用结果的建议，以及用于改进的指导性意见。

如果需要传达实验室报告中未包含的其他意见和解释，则报告者必须与客户直接对接，以确保将此类对话记录在案并保留在相关的客户档案中。

分包商的测试报告

实验室人员需要接收分包商的测试结果，以确保结果报告给客户。

授权报告测试结果的实验室人员有责任确保在测试报告中清楚地标识出分包商提供的结果。

电子版结果的传递

测试结果可通过邮寄（邮件）、传真、电子邮件、电话和互联网或任何其他电子手段提供给客户。无论采用何种方法进行结果传递，都必须满足质量保证体系的要求。

测试报告的格式

被授权报告测试结果的实验室人员需要确保测试数据的呈现方式尽量减少引起客户误解，并且报告格式要具备防止增加或删除页面或以其他方式窜改信息的可能。

如果要发布进一步的结果，测试报告在最终报告之前被称为临时报告。个别临时报告可通过报告日期确定。

测试报告的修改

如果测试报告在发出后需要修改，只有实验室主管 / 主任或授权报告测试结果的实验室人员才能进行修改，并以其他文件或包含以下说明的数据传输形式进行修改。

“测试报告的补充，参考编号……”或以适当的同等形式的表述。

重测流程

在内部质量控制结果不符合预期标准的情况下，必须对所有样品进行重新测试或重复测试。此外，在 IQC 标准令人满意但结果不符合预期的情况下，也需要重新测试。

重测的结果应与原始结果进行比较，以确保其相似，即在有关测试的标准验收范围内，然后再向客户报告。

如果重复测试结果与原来的结果有很大的不同，应进行进一步的重复测试，直到获得两个连续的类似结果。然后必须向客户报告这一情况，并对引发异常结果的原因进行调查。

认证标志的使用

实验室报告必须采用适当的认证标志。不得在认证范围未涵盖的测试报告中使用。如果实验室报告中包含了认证和非认证结果，则必须清楚地识别非认证结果。

参考文献

European co-operation for accreditation. 2002. EA-04/10 Accreditation for microbiology laboratories EA-04/10 G:2002. Paris，France.

ISO/IEC 17025:2005. General requirements for the competence of testing and calibration laboratories. 5.10 Reporting the results. Geneva，Switzerland.

UKAS. 2009. LAB 1 Reference to accreditation for laboratories. UKAS publication ref Lab 1 edition 5，August 2009. Feltham，UK.

结果的可追溯性

原则和范围

本流程的目的是确保所有设备，包括辅助测量设备（如测量环境条件的设备），对测试结果的准确性或有效性产生重大影响的设备，在使用前进行校准，并尽可能将这种校准流程追溯至国际单位系统（SI）。这是为了确保使用适当的标准和参考材料对所需设备进行校准。

本流程适用于需要检测和校准的所有实验室设备。

责任

- 实验室分析人员。在使用设备前，必须接受培训并进行必要的常规校准。
- 实验室主管 / 主任。必须确保所有必要的校准由合格的工作人员或分包商进行，并可追溯至国际单位。
- 质量保证主管。必须确保所有校准都可以通过日常内部审核的方式追溯至国际单位。

流程

在概念适用的情况下，实验室进行的校准可通过连续的校准或与国际单位制的比较进行溯源，可以通过参考国家测量标准来实现与国际单位制的连接。如果校准是由外部代理商进行的，实验室主管 / 主任必须确保校准可追溯至国际标准单位（例如，经过认证符合 ISO/IEC 17025:2005）。

实验室主管 / 主任需要确保使用适当的参考标准和参考资料进行内部校准。

在实验室中有一些校准是不能严格按照国际标准单位进行。这种情况下，应通过建立测量标准的可追溯性来确保准确性，例如采用以下方法。

- 使用合格供应商提供的经认证的参考材料（如果有的话）以保证可靠性。
- 使用明确描述和商定的特定方法或协商一致的标准。

实验室主管 / 主任需要确保尽可能参加适当的实验室间比对方案和能力验证。

参考标准

参考标准由外部校准实验室校准，该实验室能够与国际标准单位保持统一。

实验室主管 / 主任需要确保实验室使用的任何参考标准（如有可能）可追溯至国际标准计量单位或认证的参考材料。实验室分析人员必须通过与认证的参考材料进行比较来验证内部参考材料。

参考标准需接受期间核查，以验证此类标准的校准状态。

参考标准必须小心处理、储存和运输到校准实验室，防止在此过程中的损坏，保护其完整性，并确保校准的可靠性。

参考材料

参考材料应尽可能溯源至国际标准计量单位或经认证的参考材料。使用的任何内部参考材料都应尽可能检查其准确性。

参考材料应按照供应商和制造商的说明处理、运输和储存，以防止污染或变质，并保护其完整性。

玻璃参考温度计需要至少每 5 年校准一次，数字参考温度计至少每 2 年校准一次。校准证书由校准实验室提供，并应存档保存。

实验室通过维护和使用玻璃温度计和数字温度计进行内部校准（即使用这些校准温度计来校准实验室中的其他温度计），并确保温度测量可追溯至国际标准单位。实验室维护的参考温度计（数字温度计和玻璃温度计）应每年接受冰点校准（使用碎冰），以确保其校准的可靠性。如果温度计的刻度上没有 0.0℃，那么冰点校准的另一种方法是用校准的温度计检查温度计在正常工作环境下的温度。在实验室校准温度计时，必须考虑到参考温度计的所有不确定性，包括公差。

实验室应有一组重量合适的可追溯的校准砝码（即代表实验室中使用的天平进行日常工作的砝码）。不使用时，应将这些砝码存放在密闭容器中，并且只能使用镊子或无绒手套或纸巾进行处理。在实验室天平的年度检查中，校准砝码应在检查后立即称重，记录其重量，即使检测到轻微的误差，仍可以使用并视为可追溯至国际标准单位。如果检测到任何误差，则应始终确保将修正重量分配给该单独的校准砝码。

参考文献

European co-operation for accreditation. 2002. EA-04/10 Accreditation for microbiology laboratories EA-04/10 G:2002. Paris，France.

ISO/IEC 17025:2005. General requirements for the competence of testing and calibration laboratories. 5.6 Measurement traceability. Geneva，Switzerland.

UKAS. 2006. LAB 14 Calibration of weighing machines. UKAS publication Lab 14 edition 4，November 2006. Feltham，UK.

UKAS. 2012. LAB 11 Traceability of temperature measurement: platinum resistance thermometers，liquid-in-glass thermometers and radiation thermometers. UKAS publication Lab 11 edition 4，November 2012. Feltham，UK.

能力测试

目的和范围

本流程的目的是确保以适当的频率参与外部能力计划［外部质量保证（EQA）或内部质量保证计划（IQA）］，并对所有外部质量保证结果进行审核，确保所有不满意的结果均被识别出来并采取适当的措施，从而保证对测试结果有效性进行独立验证。

本流程适用于本实验室所有测试流程。

责任

- 实验室分析人员。定期检查 EQA 或 IQA 样品（按时间表规定进行），确保这些样品作为常规样品进行测试，并保证样品始终符合检测条件。
- 实验室主管 / 主任。为所有工作人员制订参与 EQA 和 IQA 计划的时间表，并确保所有参与测试的实验室分析员都参与 EQA 和 / 或 IQA 计划，以证明符合质量保证体系并确保他们的检测能力符合要求。
- 质量保证主管。记录 EQA/IQA 数据，以便可以检测到任何变化趋势，并定期审核结果。如果 EQA/IQA 结果超出了预期标准，则应调查原因并启动纠正和预防措施（CAPA）。根据调查的结果，进行必要的影响评估，并考虑撤回结果报告和暂停试验。

流程

实验室应参加与其执行测试范围相适应的 EQA 计划。所有 EQA 样品应作为常规样品进行测试，以确保产生的任何结果与向客户报告的结果一致。EQA 计划提供者应进行适当的认证（如 ISO/IEC 17043:2010 合格评定——能力验证通用要求）。

如果没有合适的 EQA 方案，可以定期设置适当的 IQA 方案（环试验）。选择适当的样品（模拟样品、先前测试的样品或 QC 样品）分发给实验室工作人员进行分析，并由质量保证主管以与 EQA 样品相同的方式对结果进行整理和分析。结果应在发布前进行验证，因为定量结果可能在存储过程中发生变化。

在进行 IQA 方案前，应确保实验室分析人员并不知道样本是 IQA 试验的一部分，从而更准确地反映真实样品的处理方式。

EQA 方案将由供应商提供样品分发时间表。如果制订了环试验方案，则应由实验室主管 / 主任编制符合测试要求的时间表，并可酌情增加或减少分布的规律性，并适当记录和说明理由。

EQA/IQA 材料可用于培训和能力评估，但结果不可以在操作人员之间进行合作汇编。如果出于培训的目的，有多个操作员参加了 EQA/IQA 样本的处理，则必须事先商定将提交哪个操作员的结果，以避免损害 EQA/IQA 培训的完整性。

EQA/IQA 材料应对操作人员有挑战性，以便更好地证明其能力。

如果上述测试结果不可接受，质量保证主管或指定人员需要立即采取调查行动，并清楚地识别和记录失败的原因和采取的补救措施。此类措施可能包括重新测试原始的 QA 样品（如果有）或从方案提供商处获取额外的 QA 材料。

实验监督分析员必须通知实验室主管 / 主任和质量保证主管，他们将决定应采取何种行动，以及是否应暂停测试或召回测试结果。

上述行动和调查结果需记录在案并存档。实验室主管 / 主任和质量保证主管应监测随后的 EQA/IQA 反馈，以确保所采取的任何补救措施的有效性。实验室主管 / 主任和质量保证主管应评估对 EQA/IQA 失败之前进行的类似测试的可能影响，如有必要，应尽快召回此类结果并进行重新测试。

质量保证主管应监测实验室 EQA/IQA 样品的结果趋势。分析数据的趋势（如有可能），并确定可能需要采取预防措施的流程。

如果 EQA/IQA 结果符合规范，尽管结果存在明显的偏差，实验室主管 / 主任必须确保在解释测试结果时考虑到这些信息。

采取预防措施可能导致测试方法、用户指南或流程被修改。如果可行，应重新校准或维修设备，重新检查试剂或测试工具，并为员工再次提供培训。

参考文献

European co-operation for Accreditation. 2002. EA-04/10 Accreditation for microbiology laboratories EA-04/10 G:2002. Paris，France.

ISO/IEC 17025:2005. General requirements for the competence of testing and calibration laboratories. 5.9 Assuring the quality of tests and calibration results. Geneva，Switzerland.

ISO/IEC 17043:2010. Conformity assessment-general requirements for proficiency testing. Geneva，Switzerland.

文件编制和控制

目的和范围

本流程的目的是明确受控文件引入、批准、审核、修订和撤回的方法和职责。

受控文件可以防止同一方法的不同流程在同一时间被使用，并且允许只有经过授权的方法才能被使用。此外，受控文件还可以对授权的方法进行验证和审核，以确保其仍然适用。为了进一步降低同一方法的不同流程在同一时间使用的可能性，应禁止个人笔记本和受控文件副本的使用。

受控文件可以是质量管理体系的任一部分，包括质量手册、标准操作流程、用户指南、日志或实验室工作表。

本流程适用于质量保证体系内的所有受控文件，同时也适用于健康和安全管理体系、环境管理体系或一般行政和管理文件。

责任

- 实验室分析员。确保使用的受控文件是最新的、有效的、相关的，并且是正确的版本。
- 实验室主管 / 主任。确保所有受控文件被授权使用并适合使用目的。
- 质量保证主管。负责受控文件的正确发行、审核和撤回受控文件。

流程

受控文件的引入或修订

受控文件可由熟悉相关流程并受过培训的工作人员编写。

受控文件的作者应给文件分配一个从质量保证主管处获得的唯一文件参考编号（此编号应符合现有的体系）。

质量保证主管负责受控文件的变更流程。受控文件在实施变更之前，必需详细说明变更要求，并由合格的技术人员进行批准。质量保证主管必须记录和保留变更流程，该流程可以是简单的计算机电子表格。

文件的作者和授权人的姓名必须记录在文件的标题中，并指定生效日期和审核日期。此外还应包括文件版本号，以便跟踪受控文件的正确版本，并禁止使用无效或过时的文件。

建议受控文件中保留“更新日志”，记录对文件所做的更改。这将使文件重新发布时更容易确定已进行更改的内容。更新日志可以用标题下面一段包含了做出的更改的文字框进行表示。

实验室主管 / 主任必须确保所有可能使用受控文件的工作人员都清楚，并使用最新修订的文件。这些工作人员必须熟悉修订的文件。此外，实验室主管 / 主任还必须考虑是否需要就新流程开展培训，如果需要，则确保在采用新流程之前提供培训。

测试试剂盒/试剂（包括微生物培养基）

实验室主管 / 主任负责确保审查和实施制造商说明中的任何变更，并确保对受控文件的任何修改都遵循变更控制流程。

检验试剂盒 / 试剂说明书上应标注相关分析员姓名的首字母和日期，并记录批号和开封日期，该批号和开封日期应保存在相关分析室的档案中。此外，还应注意试剂盒或试剂是否更改，并将变更通知传达给质量保证主管和实验室主管 / 主任。

校准、质量控制（QC）和认证参考材料（CRM）

对批次之间提供的校准、QC 和 CRM 进行审核，以确保达到并实施正确的公差限值。审核的证据和采取的措施由日期、校准或 QC 值以及相关实验室分析员姓名首字母表示，并保存在相关实验室档案中。

设备手册

实验室主管 / 主任负责确保所有设备的更新手册得到审核和实施，并确保对受控文件进行的修改遵循相关变更控制流程。

撤回受控文件

当受控文件过时或被修订时，所有受控文件的修订副本必须由质量保证主管撤回。

质量保证主管应将所有受控文件的主副版本存档至少 7 年（或当地商定的符合法律和客户要求的期限）。

受控文件的审核

应为每个受控文件分配一个审核日期（最多间隔 5 年）。设备用户指南应在设备的寿命期内有效。

质量保证主管将在审核到期时与受控文件作者（或其他有适当经验或合格的人）联系，安排作者对受控文件进行审核。

如果发现该文件是有效的，则在更新日志框中注明为“××年××月××日（日期）审核”。受控文件审核通过后将被重新印发，并附上最新的审核日期和版本号。

如果受控文件需要更新，必须要遵循变更控制流程。

当审核完成后，审核员将通知质量保证主管，并发布修订文件。

参考文献

European co-operation for accreditation. 2002. EA-04/10 Accreditation for microbiology laboratories EA-04/10 G:2002. Paris，France.

ISO/IEC 17025:2005. General requirements for the competence of testing and calibration laboratories. 4 Management requirements，4.3 Document control. Geneva，Switzerland.

UKAS. 2009. LAB 31 Use of culture media procured ready-to-use or partially completed in microbiological testing. UKAS publication Lab 31 edition 2，June 2009. Feltham，UK.

微生物实验室健康和安全（包括风险评估）

原则及范围

实验室是最危险的工作场所之一。微生物实验室因其所承担工作的特殊性，存在一些病原体和潜在人畜共患病所带来的特定风险。

为了将实验室工作人员、来访人员以及整个社会所面临的风险和伤害降到最低，微生物实验室必须拥有一套健康和安全管理体系。

除了房屋、财产、设备和环境的破坏以及生产力损失和潜在债务之外，在实验室发生的损伤、意外伤害以及伤病都与实验室经济状况相关。这些损失全都可以通过一个有效的、适于本实验室的健康与安全管理体系来最小化。

这个管理体系可以独立于质量保证体系之外，或者与质量保证体系（也可包含环境管理体系）相结合，形成一个综合的管理体系。

所有管理体系都要求有适当的制度、组织和规划，并通过制定流程来衡量其可行性和有效性，并由此确定改进的机会。这不仅适用于质量保证体系，也适用于健康与安全管理体系。

可考虑对职业健康与安全管理体系进行适当的认证，如符合 BS OHSAS 18001:2007。

实验室中应指定一名健康与安全主管，或者由质量保证主管经过适当的培训后担任这项职责。

职责

- 实验室分析员。遵守健康和安全管理体系的所有要求以及适当的法律和法规。
- 实验室主管 / 主任。确保建立安全有效的管理机构，保证实验室全体人员能够安全、积极、高效地开展工作。
- 健康与安全主管。负责实验室健康和安全体系的管理，促进实验室内职业健康和安全文化知识的宣传，保证健康和安全管理条例与微生物实验室相关法律法规要求相符，并遵守相关法规要求。实验室质量保证主管也应当承担这部分的相关职责。

流程

健康与安全政策展现了高级管理层的承诺，即实验室致力于开发和维持有效的健康与安全实践并不断改进。这些政策表明该实验室符合法律和法规要求，并向实验室员工、客户和社会传递了实验室致力于维持良好、健康和安全实践的信心。

实验室主管 / 主任和健康与安全主管必须在确保所有职工安全的前提下积极开展相关工作，并保护他们和同事的健康。通过鼓励所有员工参与健康和安全管理体系的开发和持续改进，从而使他们积极参与到健康和安全管理体系中。高效的沟通体系和安全操作规范有助于该目标的实现。

考虑到安全隐患可能会出现在实验室的任何流程中，健康与安全管理体系必须涵盖实验室的所有方面。健康与安全管理体系必须包括以下内容。

- 办公场所。包括办公室、实验室、入口、出口、福利设施以及属于固定结构部分的所有设备。
- 设备和试剂。包括接收、处理、运输、储存和处置提交的样品，化学药品和试剂。
- 流程。包括在实验室进行的所有常规和非常规操作过程。
- 人员。包括所有员工，他们的能力和任何可能需要的健康监护。

所有的实验室工作都存在一定的风险，有效的健康和安全管理体系可以将这种风险降到最低。风险评估流程可识别危害、评估可能的风险，并设定目标消除危害（如果可行）从而将风险降至最低。

监管

应建立自我监管（审核）体系，以衡量健康与安全管理体系的有效性。该系统应该涵盖实验室工作的各个方面，包括建筑物、实验场所、设备、试剂、流程和人员。这种类型的监测称为“主动监测”。

与质量保证体系的审核相似（如果是环境管理体系也如此），当发现问题时，应确定、同意并采取纠正和预防措施，纠正问题并防止再次发生。然后，应实时监控所实施的纠正和预防措施的有效性。

此外，还应建立事故（事故、健康不佳或可能造成伤害的事故）发生调查体系。这种类型的监测被称为“反应性监测”，与主动监测一样，应该识别并采取纠正和预防措施，以最大限度地减少复发的可能性。

实验室内潜在的风险（“未遂事件”）也应该被调查并且采取纠正和预防措施，以避免事故可能发生的风险。一些小的失误或小事故通常看起来微不足道，很容易被忽略，但它们可能往往酿成大的事故。

例如，如果一名实验室分析员在泄漏样本的地面上滑倒，结果可能从微不足道到灾难性的，如下所示。

- 安然无恙。
- 弄脏衣服。
- 扭伤脚踝。
- 脚踝受伤。
- 脚踝骨折。
- 头部损伤死亡。

研究表明，“小”事故总是比“大”事故多得多，但小事故往往有可能酿成大事故。所有的意外事故，无论是轻微的、重大的还是险些发生的，都表明安全控制失败，都值得调查。

健康和安全的控制

实验室主管/主任及健康与安全主管应与所有部门管理人员密切合作，分配职责。各部门管理人员必须对他们所管理的工作环境负责，制订与其专业领域相关的健康和安全制度。

所有承担健康和安全职责的员工都应该经过适当的培训才能任职。

这些职责包括以下方面。

- 进行风险评估。
- 制定健康和安全政策和流程。
- 做好健康和安全监督。
- 事故调查。
- 必要时第一时间提供救治。
- 监督承建商。
- 消防安全。

文件

实验室主管/主任或健康与安全主管应制定健康和安全政策，明确表明实验室对构建健全的职业健康与安全管理体系的承诺，并应在必要时为任何其他健康与安全文件提供依据。

该政策还应设定健康和安全目标，并承诺对其进行持续改进。该政策应指定健康与安全主管（或负有该责任的人员），并详细说明他们对其他员工在健康与安全方面的职责。此外，该政策应概述如何有效沟通健康和安全事宜，提供资源以及实现和保持能力。健康和安全政策应由实验室主管/主任签署并标明日期。

可能需要的其他文件如下。

- 具体的健康与安全标准操作流程。
- 风险评估。
- 材料安全数据表或有害健康物质收集条例。
- 应急预案。
- 事故报告表格（包括“未遂事件”报告）。
- 审核清单。
- 日志。

健康和安全管理体系的规划和实施

为了更好地实现对各级员工的承诺，健康和安全管理系统的规划和实施应是一项涉及所有利益相关者共同努力的结果。

实施的健康安全政策和流程应始终与实验室的需求、风险和危害相符。

差距分析是一种有效的比较工具，可以将健康和安全管理方面的当前状况与本手册中描述的内容以及适当的健康和安全法规进行比较。完成差距分析后，可以制订实施维护健康与安全管理体系的计划，并设定具体的目标和指标。

健康和安全风险的控制

除了与工作场所安全相关的职业风险的控制，还必须实施控制措施来应对与员工、访客和整个社会的健康相关的职业风险。工作活动和健康问题之间的联系不如工作活动和工伤之间的联系明显。由工作原因引起的健康不良可能需要很长时间才能显现出来，可能也会非常严重或危及生命，要控制这种健康风险，需要制定一项健康策略。

微生物实验室存在的健康风险包括以下方面。

- 吸入、摄入或注射引起的人畜共患病。
- 皮肤接触刺激性物质。
- 暴露在有毒的化学物质下。
- 长时间重复动作（如移液）造成的重复性劳损。
- 设计不合理的工作场所。
- 灼伤。

与微生物实验室的其他风险一样，健康风险也应进行控制，并尽可能降低风险。安全风险和健康风险都是通过风险评估进行控制，风险评估将确定健康和安全危害，评估风险并采取最合适的控制措施。

风险评估

风险评估应由熟悉相关流程的专业人员进行。建议聘请健康与安全专业人员或职业健康顾问来协助进行某些风险的评估。

在进行风险评估时，必须考虑相关的法律要求。

开展风险评估的方法有很多，但最简单的方法是将事件发生的“可能性”乘以“严重程度”来打分。获得的分数定义为“风险等级”。

在考虑事故发生的可能性时，应考虑现有的所有控制措施、统计数据（如事故记录）、个人知识和任何其他可用的相关数据。

在估计严重程度时，应考虑可预见的最严重的损坏或损失以及可能受到影响的人数。

例如，在使用本生灯的情况下，操作者在使用本生灯时手被火焰灼伤引起潜在伤害严重程度可以被认为是“较低的”，可能需要急救。在有经验的实验室分析员身上发生这种情况的可能性不大，可以被认为是“不太可能的”，风险等级为 2×2=4。因此，采取任何进一步的控制措施可能是不切实际的。

在开放式工作台上处理大肠杆菌 O157 样本时，当打开阳性样本时可能会受到气溶胶污染，这可以被认为是“偶尔的”。如果发生这种情况，有人被感染，严重程度可以被认为是“重大的”，风险等级为 3×4=12。因此，建议采取额外的控制措施。

如果样品瓶在专门的 CL3 级密封实验室的安全柜中处理，风险可能性将降低到“不太可能的”。因此，风险等级应为 1×4=4。

风险评估示例如下两表所示。

风险评估评分	不太可能的 1	极少的 2	偶尔的 3	经常的 4	频繁的 5
轻微的 1					
较低的 2		×			
中等的 3					
重大的 4	×		×		
极大的 5					

风险等级	定义
1 ~ 4（低）	短期或中期内不需要采取进一步措施，但必须对这项工作进行审查
5 ~ 9（中等）	必须在规定的时间内努力降低风险，但也要考虑预防措施相关的成本
10 ~ 16（高）	需采取紧急措施以降低风险。如果可以，考虑在采取防控措施前中止该项工作
17 ~ 25（非常高）	必须立即停止，在风险得到充分控制之前不得重新开始

一旦采取额外防控措施，应重新进行风险评估，获得的风险等级应该在可接受范围内。如果风险没有降低，应该重新评估防控措施来更好地降低风险。

当应用控制措施来降低风险等级时，防控措施可以采取层次结构，可以随着防控需要增加控制措施。

消除风险

- 使用危害较小的物质或流程代替。
- 使用风险较小或能够更好地保护使用者的设备。
- 避免某些流程或操作，例如从代理商处购买产品，而不是在实验室中自制。

控制风险

- 通过封闭操作流程将操作员与风险暴露区域隔离。
- 通过防护罩或遮蔽物将仪器的危险部位保护起来。
- 采取措施以最大程度减少或抑制空气传播的危害，例如隔离。

最小化风险

- 使用个人防护装备。
- 在设备上张贴警告通知。

提供个人防护装备和警告通知应作为最后控制措施，只有在危险无法以任何其他方式控制时才可使用。

微生物学实验室健康与安全通则

- 微生物实验室内不允许吃东西（包括嚼口香糖）。
- 微生物实验室内禁止饮酒。
- 微生物实验室内禁止抽烟。
- 实验室冰箱中禁止储存食物或饮料。

- 微生物实验室内禁止使用手机和个人音乐播放器。
- 微生物实验室的门必须时刻保持关闭，并符合消防规定，促进实验室内的空气平衡。
- 微生物实验室窗户应保持关闭，以防止病原体或污染物向外部逸出。
- 实验室访客必须在接待处登记，配备个人防护用品，并始终由实验室工作人员陪同。
- 在实验室内必须始终穿着实验服，离开实验室时必须脱下实验服。
- 未达到工作年龄的人员不允许进入微生物实验室。
- 微生物实验室工作区域必须保持环境整洁。
- 所有实验室分析人员必须熟知自己所参与实验步骤中可能存在的危险。
- 任何时候都应避免独自工作。
- 必须提供适当的消毒剂（如 5% 次氯酸钠）来处理溢出物，并在实验结束时清洁工作台区域（所有溢出的微生物样本均被认为是危险的，并按此步骤进行处理）。
- 在离开微生物实验室之前必须彻底清洗双手。
- 必须将长发束起来。
- 实验室必须提供急救箱和洗眼液，现场必须有经过培训的急救人员值守。
- 实验室应配备足够的灭火器，并要求每个实验人员都熟悉使用方法。

安全防控2级（CL2）实验室附加规则

- 只有在本实验室工作的员工才能进入微生物实验室。
- 感染风险较高（如免疫功能受损人员）或感染后可能造成严重后果的人员（如孕妇）不得进入微生物实验室，或限制其进行部分工作。由实验室主管 / 主任和健康与安全主管对各种情况进行评估，并决定谁可以进入微生物实验室。
- 实验室人员将接受适当的免疫接种或对微生物实验室中处理过程中可能用到的药物进行测试。
- 需要收集和储存微生物实验室工作人员和其他高危人员的对照血清样本。
- 实验室主管 / 主任以及健康与安全主管必须保证实验室每个员工都接受了与他们职责相关的培训，及防止暴露的必要预防措施和暴露评估流程的培训。培训记录必须包含在个人的培训档案中。
- 当政策或流程发生变化时，每个员工必须重新进行培训。
- 个人健康状况可能会影响个人对感染的易感性、接受免疫接种或预防性干预的能力。因此，所有实验室工作人员，特别是育龄妇女都应获得有关免疫能力和可能使其易受感染的详细信息。应该鼓励有这些情况的个人去适当的医疗保健机构做必要的鉴定，以获得适当的咨询和指导。

- 未经授权人员只能在征求实验室主管 / 主任同意后才能进入，并且必须始终有一名授权人员全程陪同。
- 避免产生飞溅或气溶胶。
- 在工作完成或一天结束时，以及发生泄漏或飞溅之后，使用适当的消毒剂（如 5% 次氯酸钠）对所有工作台面进行清理、消毒。
- 对于任何受污染的尖锐物品，包括针头、注射器、载玻片、毛细管和手术刀，必须始终采取高度预防措施。
- 尽可能使用塑料器皿代替玻璃器皿。
- 使用过的一次性针头在弃置前不得弯曲、剪断、折断、重复使用、从一次性注射器中取出或以其他方式手动操作；相反，它们必须小心地放置在合适的位置，例如置于处理利器的耐高温灭菌容器中，防止穿刺。
- 破碎的玻璃器皿不能直接徒手传递，必须采取其他措施如刷子、耙子、钳子或镊子进行清理。根据实验室的规定，装有被污染的针头、锋利的设备和碎玻璃的容器需要消毒后处理。
- 培养物、组织、体液样本或潜在的感染性废物应放在有盖子的容器中，防止收集、搬运、加工、储存的过程中发生泄漏。
- 污染的设备送去维修或维护或者按照当地法规包装运输之前，必须根据要求对其进行净化（去污染），然后才能进行运输。并且净化方式应记录在案。
- 所有导致传染性材料泄露的事故应立即报告实验室主管 / 主任和健康与安全主管。
- 提供适当的医疗评估、监测和治疗，并确保记录在案。
- 必须有昆虫或啮齿类动物的控制方案。
- 当进行可能产生传染性气溶胶或飞溅物的实验操作时，必须使用维护得当的生物安全柜。
- 微生物实验室严禁使用布椅。
- 当涉及微生物的实验操作必须在生物安全柜外进行时，必须使用面部防护设备（护目镜、口罩、面罩或其他飞溅防护装置），以防止传染性或其他有害物质飞溅或喷洒到面部。
- 无论何时，处理可能具有传染性的材料、受污染的设备表面时，都必须始终佩戴手套。

- 当手套明显被污染、处理完有污染性的原料或手套破损时，应将手套丢弃。一次性手套不得清洗、重复使用或用于触摸“干净”的表面（键盘、电话等）。
- 脏的实验服应及时清洗消毒。如果实验人员会再次穿该实验服，必须将实验服在微生物实验室进行悬挂。实验服一旦在实验室内使用，就不允许在微生物实验室外使用。
- 实验服必须由实验室工作人员放入洗衣设备。
- 工作人员在接触到有污染性的材料后、脱下手套后和离开微生物实验室之前都必须清洗双手。
- 离开实验室的流程。
  —摘掉手套。
  —脱掉实验服。
  —将实验服挂起或者送去消毒清洗。
  —洗手。
- 必须在实验室外净化的材料，须放置于耐用、防漏、可高压灭菌的生物垃圾袋中，封闭后从实验室运出。
- 所有容器和试剂瓶都要用5%的次氯酸钠或70%的酒精擦拭干净，然后才可拿到CL2实验室外存放。

注意：为了防止试剂瓶标记被清除，应避免使用酒精擦拭试剂瓶。

安全防控3级（CL3）实验室附加规则

- 仅限于在实验室工作并被确认为获准在该区域工作的员工才可以进入CL3实验室。上述人员的清单应该张贴在CL3级密闭实验室外，并受实验室主管/主任调整管理。
- 在CL3实验室内，必须始终穿着专用的实验服或手术服，并在离开该实验室之前脱下。
- CL3实验室应配备专用设备，并且不能与实验室其他场地设备共用。
- 应该设置可以查看CL3实验室中工作人员的窗口。
- 实验室窗户应该密闭关好。
- CL3实验室内废弃物容器应单独处置并进行高压灭菌，应与CL2实验室废弃物容器分开处理。

安全防控4级（CL4）实验室附加规则

CL4级密闭实验室有特定的规则和指导方针，如果需要在这种环境下工作，应征求专家建议。动物饲料实验室一般不需要这样的操作环境。

此外，微生物实验室应为所有设备制订有效的维修计划，定期检查每个气压系统，监测消防安全流程（如消防演习等）和设备（如灭火器、防火门、警报器和烟雾探测器）。

微生物学实验室应准备应急预案，以应对以下事件。

- 火灾。
- 气体泄漏。
- 生物安全事件。
- 爆炸。
- 化学品泄漏。

参考文献

BS OHSAS 18001:2007. Occupational health and safety management systems-requirements. BSI，London，UK.

European co-operation for accreditation. 2002. EA-04/10 Accreditation for microbiology laboratories EA-04/10 G:2002. Paris，France.

Health and Safety Executive（HSE）. 2001. HSE Management，design and operation of microbiological containment laboratories. HSE Books，Sudbury，UK.

微生物实验室的审核、纠正措施和评审管理

原则和范围

本流程旨在描述对微生物实验室内所有活动进行定期内部审核的方法和职责，以证明其持续改进，并验证是否符合质量保证体系要求和所有相关的国际标准。

第三方认证或监管机构可以对微生物实验室进行外部审核，并且应遵循本流程所描述的内容。质量保证主管负责外部审核的协调，并与第三方授权或认证机构就审核计划、组织工作及可能确定的任何纠正和预防措施（CAPA）进行沟通。

本流程也适用于微生物实验室中的健康和安全管理体系（或环境管理体系）。

责任

- 实验室分析员。遵守质量管理体系和相关法规条例的要求，可通过定期对测试流程和质量保证体系进行内部或外部审核来证明。
- 实验室主管 / 主任。确保所有的内部或外部审核都能顺利进行，并确保所确定的预防措施在规定的时间完成。
- 质量保证主管。负责内部审核体系的管理，制订有效的审核计划，包括质量保证体系和实验室内部测试流程。质量保证主管也可以培训其他员工代替其开展内部审核。质量保证主管还应协调第三方开展实验室外部审核。
- 健康与安全主管（或承担此职责的人员）。负责健康与安全管理体系内部审核和第三方审核，或者将其作为综合管理系统的一部分进行管理。
- 环境主管（或承担此职责的人员）。负责环境管理系统的内部审核和第三方审核，或者将其作为综合管理系统的一部分进行管理。

流程

审核计划

质量保证主管应编制一份内部审核计划，该计划应涵盖质量保证体系的所有方面和实验室开展的测试流程。在实验室开展的每项测试流程均应接受实验室主管 / 主任和质量保证主管的定期审核。这应基于与流程相关的感知“风险”，并通过减少发生次数来降低发生频率。通常情况下，每年应组织一次测试审核，并为每项审核工作指定一名经过培训的审核员。在实验室人员不足的情况下，经过培训的审核员可以负责与其职责相关的审核，但不能审核自己的工作。

如有需要，可以在审核计划外增加其他的审核流程，如纠正措施和投诉的追踪。

审核准备

审核员应与相关实验室约定审核日期。实验室主管 / 主任应确保在预定日期内提供所有相关的审核信息，并安排合格的员工陪同审核。

审核员通过查看以前所有的审核结果，来确定以往的审核和预防措施中存在的系统性和长期性问题，并对这些措施的有效性进行审查。

在进行审核时，审核员可以准备一份内部审核清单，作为审核“备忘录”，帮助审核员识别不符合项。

执行审核

审核员应与被审核方通过会议形式就审核范围达成一致意见。此外，审核员应该确认以往审核结果的状态。

审核期间发现的任何问题都需与被审核方讨论并记录在案。当发现问题时，审核员应查阅以往的审核记录，并与被审核方讨论，确认该问题在被审核单位是否具有系统性。

如果在审核过程中对实验室进行测试结果的完整性产生怀疑，实验室必须立即采取纠正措施。如果调查结果显示实验室测试结果可能受到影响，则应通过书面形式告知客户。

审核员可能会记录“观察结果”或“改进机会”，这并不意味着不符合标准或流程，但被审核方和实验室管理人员应对此酌情考虑。

审核完成后，审核员将与被审核方一起对审核结果进行评审，并在规定时间内采取预防措施。审核报告完成后，质量保证主管应将所有记录和相关文件（包括实验室工作表的任何副本）归档。

审计报告

审核员应采用标准格式（由质量保证主管提供）编制一份简短的审核报告。

审核报告应包含以下内容。

- 审核参考编号。
- 审核标题。
- 审核范围。
- 审核员和受审核方的名称。
- 审核日期。
- 简介，简要描述被审核方总体情况。
- 发现的任何系统性或长期性问题。
- 不符合标准或管理体系的调查结果列表。
- 任何观察结果或改进措施的列表。
- 发布日期。
- 传阅清单。

报告完成后需抄送给相关实验室主管 / 主任、质量保证主管和被审核方主管。实验室各部门主管可以将报告分发给他们认为合适的员工。

审计跟踪/结束

被审核方和审核员需确保在规定的日期内（最长为自审核之日起一个月或其他适当的、商定的时间段）完成商定的纠正和预防措施。被审核方和审核员应对调查结果的进展进行监督。发现某些严重问题时，应立即停止调查。

当审核人员确信有证据表明已完成了纠正和预防措施时，可以终止审查。

质量保证主管需监控所有纠正和预防措施，并向实验室主管 / 主任报告进展情况。

后续开展的审核可以记录并验证以往实施的所有纠正和预防措施的有效性。

微生物实验室内部审核检查表

在对实验室测试流程进行审核时，可能会用到审核表。审核表应包含所有的相关问题，并对不同测试流程进行比较（以确定系统性的问题），以确保审核方法的一致性，有利于不同审核员开展审核工作。

定义

- 被审核方。被审核人。
- 审核员。执行审核的人员。

内部审核表（示例）：

审核参考号：__________

审核范围：__________

审核员：__________ 审核日期：__________

问题	注解
组织与管理：	
有组织结构图吗？	
是否是最新版？	
质量保证体系：	
标准操作流程是否为最新版本？	
是否有标准操作流程？	
是否有标准操作流程索引？	
文件是否得到有效控制？	
测试方法是否经过验证？	
投诉：	
最近是否有投诉？	
最近是否有异常情况？	
不符合项：	
是否存在任何公开的不符合项？	
是否存在系统性故障？	
EQA/IQA：	
是否有 EQA/IQA ？	
EQA/IQA 如何审核？	
最近是否有异常情况？	
如果有，这些异常是如何解决的？	
测试记录：	
有效性如何？	
是否有清晰的审核线索？	
可追溯性如何？	
是否可靠？	
保留策略？	
培训档案：	
操作员是否接受过该流程的培训？	
所有的操作员都有职责描述吗？	
所有的操作员都有简历吗？	
如何维持能力？	
所有操作员是否都参加了 EQA/IQA ？	
有实习员工吗？	

（续表）

问题	注解
办公室设施和环境：	
设施是否适合使用？	______
设施干净吗？	______
是否有良好的后勤管理证据？	______
有清洁记录吗？	______
是否拥有受控访问？	______
客户记录是否安全？	______
是否有维护 / 服务记录？	______
校准 / 维修是否最新？	______
设备是否有唯一标识？	______
有什么个人防护装备？	______
天平：	
天平是否定期维护？	______
检查重量可追溯到国际单位制吗？	______
是否进行日常检查？	______
温控设备：	
是否规定了温度范围？	______
温度记录是最新的吗？	______
温度范围是否保持不变？	______
冰箱 / 冰柜 / 保温箱是否有简单描述？	______
温度计是否校准？	______
是否应用了校正系数？	______
是否进行年度冰点检查（或其他合适的温度检查）？	______
微量加样器：	
移液管是否校准？	______
校准记录是否更新？	______
培养基 / 试剂：	
培养基 / 试剂的批号 / 有效期。	______
质量控制记录。	______
培养基 / 试剂的储存是否适当？	______
试验流程：	
是否使用正确的标准操作流程？	______
标准操作流程版本号是什么？	______
标准操作流程是否授权？	______
样品完整性：	
如何保持样品的完整性？	______
测试前后样品如何储存？	______
样品如何处理？	______

（续表）

问题	注解
试验报告：	
报告是否与样品匹配？	______
是否进行了正确的测试？	______
是否有适当的审核线索？	______
结果与实验室记录相符吗？	______
是否在规定时间内报告结果？	______
报告是否得到批准？	______
报告是如何发布的？	______
健康与安全：	
是否存在任何健康和安全问题？	______
环境：	
是否存在环境问题？	______
其他意见：	______

评审管理

实验室管理人员应定期（至少每年一次）对质量保证体系、实验室测试流程、内部审核结果、外部审核结果以及提出的任何异常或投诉进行审核。该评审的目的是确保质量保证体系的持续性和有效性，并寻求改进的机会。

参加评审管理的人员应包括实验室主管 / 主任、质量保证主管和实验室的监督人员。

同样，健康和安全管理体系和环境管理体系也应进行评审管理（如果适用），并由健康与安全主管和环境主管或承担此职责的人员参加。

评审管理应记录在案，并视情况分配评审要点。评审议程应包括以下内容。

- 现行政策和标准操作流程的适用性。
- 实验室主管 / 主任的报告。
- 质量保证主管（以及健康安全主管和环境主管）的报告。

- 监督实验室分析员的报告。
- 近期内部审核结果。
- 近期外部（第三方）审核结果。
- 纠正和预防措施。
- EQA 和 IQA 结果（以及相关 IQA 问题）。
- 异常。
- 客户投诉。
- 所承担工作和工作类型的变化。
- 客户反馈。
- 改进机会。

参考文献

BS OHSAS 18001:2007. Occupational health and safety management systems-requirements. 4.5 Checking. BSI，London，UK.

ISO 9001:2008. Quality management systems-requirements. 8.2 Monitoring and measurement. Geneva，Switzerland.

ISO 14001:2004. Environmental management systems-requirements with guidance for use. 4.5 Checking. Geneva，Switzerland.

ISO/IeC 17025:2005. General requirements for the competence of testing and calibration laboratories. 4. Management requirements，4.14 Internal audits. 4.15 Management review. Geneva，Switzerland.

ISO 19011:2011. Guidelines for auditing management systems. Geneva，Switzerland.
UKAS. 2009. LAB 3 The conduct of ukas laboratory assessments. UKAS publication ref Lab 3 edition 4，August 2009. Feltham，UK.

纠正和预防措施（CAPA）

目的和范围

本流程的目的是描述调查质量保证体系中控制失败的方法。

健全的质量保证体系虽然可以显著提高微生物实验室检测结果的准确性，但是没有任何体系能够完全防止异常情况的发生或客户投诉。

微生物实验室内部（异常）可能会导致控制失败，可以将其定义为对微生物实验室或质量保证体系报告结果的完整性产生影响或潜在影响的不可预测事件。与健康和安全“未遂事件”报告类似，潜在异常可能有助于防止真实（甚至可能更严重）异常的发生。

如果客户对收到的产品（微生物实验室报告）不满意（或投诉），则实验室可以直接从这些客户的反馈中发现控制出现问题。

对于异常情况和投诉应采取相同的处理方式，通过调查确定控制失败的根本原因，并采取措施纠正，防止类似情况再次发生，这表明质量保证体系应持续改进。

异常情况或投诉在没有被彻底调查的情况下，通常会通过“快速解决方案”进行处理，然而该方案并不能查明问题产生原因，也不能防止类似情况的再次发生。

本流程也适用于微生物实验室中的健康和安全保证体系（环境管理体系）。

责任

- 实验室分析员。遵守质量保证体系的所有要求，并在必要时启动内部异常或投诉调查系统。
- 实验室主管 / 主任。确保在规定的时间内解决所有任何内部异常情况或客户投诉。实验室主管 / 主任在收到投诉时必须直接对客户作出回应。
- 质量保证主管。负责内部异常情况和客户投诉系统的管理，发现质量保证体系控制失败时开展有效调查，明确控制失败的根本原因，并采取纠正和预防措施。
- 健康与安全主管（或负责此项工作的人员）。负责实验室内部事故报告的管理（包括“未遂事故”报告），发现健康与安全管理体系控制失败时开展有效调查，明确控制失败的根本原因，并采取纠正和预防措施。

- 环境主管（或负责此项工作的人员）。负责内部环境异常情况和事件报告系统的管理，发现环境管理中出现控制失败时启动开展有效调查，明确控制失败的根本原因，并采取纠正和预防措施。

流程

异常

实验室内所有员工均可向质量保证主管报告异常情况。当发现异常情况时，员工必须立即告知质量保证主管，由质量保证主管为异常事件分配一个唯一的参考编号，并与操作员一起开展调查。

质量保证体系、健康和安全管理体系或环境管理体系均可以识别异常情况。

必须简要描述并记录异常情况，以及这种异常情况如何影响微生物实验室或质量保证体系报告结果的完整性。

质量保证主管应与实验室主管 / 主任联系，确定以往是否发生过类似的异常情况，以及是否与以往的事件存在交叉。

调查组应共同确定异常情况的根本原因，并评估对异常情况识别前发布的实验室结果（影响评估）的潜在影响，如有必要应召回结果并将异常情况通知客户。此外，在实施纠正和预防措施之前，还应考虑暂停试验，以避免后续异常情况的出现。

一旦确定了根本原因，应立即采取措施消除异常情况并防止异常情况再次发生。此外，还应确定和采取预防措施，来降低此类事件发生的可能性。

应详细记录异常情况发生的原因、影响评估、调查过程及采取的纠正和预防措施，以供将来参考。此外，在实施纠正和预防措施后，还应对其有效性进行监测。

质量保证主管通过对根本原因进行分析和审查来确定系统性问题，并确定培训需求，为实验室主管 / 主任提供参考建议。

异常情况记录示例如下表所示。

异常情况参考编号：__________________

发现日期：__________________

发现人姓名：__________________

异常情况详细描述：

（包括异常情况说明、样品编号、正在执行的试验 / 流程、设备详情、客户等）

根本原因分析：

对异常情况发现前报告结果的影响评估：

（包括对此异常识别之前发布的任何测试、意见和解释产生的影响。如果可能，描述类似异常情况的交叉信息）

纠正措施：

预防措施：

纠正预防措施有效性审查：

异常消除日期：__________________

授权人：__________________

投诉

对客户投诉的处理方式与异常情况的处理相似。

任何员工都可能收到客户的投诉，收到投诉后应立即告知质量保证主管。通过电话或将收到的投诉立即转交给质量保证主管或实验室主管 / 主任，然后由质量保证主管为收到的投诉分配一个唯一的参考编号。

一旦确定了投诉的所有细节，质量保证主管或实验室主管 / 主任应通过书面形式告知客户此事正在调查，与客户沟通过程中可能需要澄清一些细节或直接向客户询问更多信息。

质量保证主管需确认是否已收到过类似投诉，并应与相关操作员一起对投诉展开调查。同时，调查组应共同确定异常情况的根本原因，并评估对异常情况识别前发布的实验室结果（影响评估）的潜在影响，如有必要应召回结果并将异常情况通知客户。此外，在实施纠正和预防措施之前，还应考虑暂停试验，以避免后续异常情况的出现。

一旦确定了根本原因，应立即采取措施消除异常情况并防止异常情况再次发生。此外，还应确定和采取预防措施，来降低此类事件发生的可能性。

应详细记录异常情况发生的原因、影响评估、调查过程及采取的纠正和预防措施，以供将来参考。此外，在实施纠正和预防措施后，还应对其有效性进行监测。

质量保证主管通过对根本原因进行分析和审查来确定系统性问题，并确定培训需求，为实验室主管 / 主任提供参考建议。

调查结束后，质量保证主管或实验室主管 / 主任应立即通过书面形式告知客户调查结果。

此外，调查结束后可能不需要采取纠正和预防措施，因为这可能是由于客户的困惑或错误而导致的。这种情况也应记录，以备将来参考。

投诉记录示例如下表所示。

投诉参考编号：______________

投诉日期：______________

投诉人姓名：______________

客户详细信息：

投诉详情：

（包括以下相关细节信息：唯一标识、涉及的业务领域、偏离的测试或流程、设备细节等）

对异常情况发现前报告结果的影响评估：

（包括对此异常识别之前发布的任何测试、意见和解释产生的影响。如果可能，描述类似异常情况的交叉信息）

调查：

根本原因分析：

对收到投诉前发布的结果的影响评估：

（包括对投诉前发布的任何测试、意见和解释产生的影响。如果可能，描述类似投诉的交叉信息）

纠正和预防措施：

纠正和预防措施有效性审查：

通知客户结果的日期：______________

投诉结束日期：______________

授权人：______________

参考文献

ISO/IeC 17025:2005. General requirements for the competence of testing and calibration laboratories. 4.11 Corrective action. 4.12 preventive action. Geneva，Switzerland.

ISO 19011:2011. Guidelines for auditing management systems. Geneva，Switzerland.

第二部分

质量评估和一般实验室流程

微生物培养基、试剂和化学药品

原则和范围

该流程的目的是确保所有细菌培养基、试剂和化学药品以及它们的准备、质量控制和储存过程均符合相关要求，以确保所有微生物实验室技术和操作的标准化。

责任

- 实验室分析人员。遵守有关微生物实验室使用的所有化学药品、试剂（包括商业试剂盒）和微生物培养基的采购、接收、储存、制备和使用的所有流程。
- 实验室主管 / 主任。确保在微生物实验室中使用正确的化学药品、试剂（包括商业试剂盒）和微生物培养基，并且保证储存方式的正确。
- 质量保证主管。确保化学药品、试剂（包括商业试剂盒）和微生物培养基在使用前经过验证，并采取适当的质量控制流程来保证可靠性。
- 健康与安全主管（或承担此职责的人员）。确保对微生物实验室中使用的所有化学试剂进行适当控制（COSHH、风险评估等）。
- 环境主管（或承担此职责的人员）。确保采取适当的环境控制措施，以应对潜在的泄漏风险，并妥善处理微生物实验室中的化学药品和试剂。

设备

- 天平和称量盘。
- 高压灭菌器。
- 蒸锅或微波炉。
- 布朗试管。
- pH 计。
- 微生物接种环。
- 刮刀。

试剂

- 干燥的培养基粉末和合适的添加剂。
- 蒸馏水或去离子水。

确保所有培养基、试剂和化学药品均按照制造商的说明存储，并在规定的有效日期之前使用。在所有容器上贴上收货日期和首次打开的日期。使用后，确保盖子保持密封，防止水分进入。所有变质的微生物培养基、试剂和化学药品均应丢弃。

流程

微生物培养基

培养基为微生物提供了最佳的生长条件。为了最大程度减少污染，某些培养基可能含有目标微生物以外的抑制剂。有些培养基可能只允许某种特定类型微生物的生长，或者具有某些微生物存在时会变色的指示剂。

培养基使用方法应在相应的标准操作流程中列出，并必须始终遵循。

为了避免配制微生物培养基所需的成本和时间，许多微生物实验室选择从供应商处购买预先配制好的微生物培养基。最好从具有 ISO/IEC 17025:2005 资质的供应商处购买，这些供应商可以保证微生物培养基的生产和质量控制，从而免去了在实验室中对培养基进行验证和质量控制的步骤。

采购的预制培养基应有生产批次，并附有质量保证证书。制造商应及时通知用户任何产品规格的变化情况。

如果实验室自行配制微生物培养基，则应从供应商购买必需成分和药品，并且按以下步骤进行制备和灭菌。

- 根据制造商的说明或公布的配方制备每种微生物培养基。
- 用干净的称量勺在校准过的天平上称量所需量的培养基（对于不超过 100g 的干燥培养基，误差控制在 ±0.1g）置于称量盘中。
- 将称量的粉末悬浮在所需体积（±2%）的蒸馏水或去离子水中。
- 检查培养基的 pH 值，并在必要时进行调整。
- 分配培养基到最终容器中。
- 根据具体说明进行灭菌（请参阅“高压灭菌器的使用”标准操作流程）。
- 确保灭菌过程中培养基没有过热。
- 如有必要，让培养基冷却至所需温度以添加补充剂或其他添加剂。琼脂培养基会在低于 50℃的温度下固化。
- 无菌操作分配培养基到培养皿或培养瓶中（请参阅“无菌技术”流程）。
- 做好培养基标号、批号和有效期的标注。培养皿的底部应贴上标签，而不要贴在盖子上，以免盖子被意外丢失或更换。

- 将培养基倒置在干燥柜中，倾斜放置 20min，直至琼脂上没有水分为止。

微生物培养基的储存

- 将所有准备好的培养基在 2 ~ 8℃的黑暗环境中用密封的容器或袋子存储，以避免脱水。
- 确保按顺序使用培养基，先使用最早配制的培养基，丢弃所有过期的培养基。
- 储存过程中脱水会导致成分浓缩，这可能会影响培养基的性能和保质期。脱水的程度可以通过在存储过程中的称重来确定。质量减轻不应超过 5%。
- 根据制造商或供应商的说明，特定的瓶装液体培养基和琼脂培养基可以在 15 ~ 30℃下存储。
- 使用前请检查是否有变质或污染的迹象。

微生物培养基质量控制

在实验室内对制备的所有培养基进行内部质量控制（IQC）。只能使用经过验证的对照微生物（例如 NCTC 或 ATCC）进行质量控制，这些微生物按照供应商指南进行保存和传代培养。对照微生物不得重复传代培养，否则可能会变得“适应实验条件”，失去某些特征。

从每批中随机挑选出以下参数，并记录在相应的记录表上。

- 使用平头探针 pH 计测量 pH 值。如果超出可接受范围，则将培养基丢弃并调查原因。
- 分别在（37 ± 1）℃下培养 2d 和 2 ~ 8℃下培养 10d 进行无菌检查。若被污染，应调查污染原因并退回该批次产品。
- 使用一种具有代表性的微生物来检测选择性培养基的有效性。
- 如果培养基中含有指示剂（如麦康基、乳糖发酵），则使用代表性微生物检测阳性和阴性反应。
- 保留足够数量的培养基，以便在到期时重复上述指标来测试保质期。

QC生长比较法

该方法用于非选择性培养基批次间的比较，以及选择性培养基目标回收率性能测试。

- 准备适当的试验菌悬液，用相当于 0.5 的马克法兰氏浊度标准生理盐水配置。

- 通过将 10μL 菌液转移到 1mL 生理盐水中来制备 1∶100 稀释液（稀释液 A）。
- 从稀释液 A 连续配置 3 份 10 倍稀释液，分别标记为 B、C 和 D。
- 根据培养皿底部标记，将测试平板和对照平板分成四个象限。
- 转移每种稀释液 25μL（A、B、C 和 D）至每个培养板中。
- 使用无菌接种环将每滴接种液划在平板上。
- 对测试微生物进行培养。
- 培养后，比较每个板上的生长情况。选择单菌落的象限，并对每个平板计数。将获得的数据记录在培养基质量控制日志上。
- 与对照培养基相比，如果测试培养基的回收率达到 50% 以上，则认为实验室所有自行制备的培养基质量是符合要求的。
- 对于选择性肉汤培养基，请按上述方法准备 A ~ D 稀释液，并分别从测试批次和对照批次的 4 个肉汤培养基中接种 25μL。
- 适当培养，然后传代至所需的琼脂培养基。
- 得出选择性培养基的选择性（抑制性）。
- 在无菌生理盐水中准备适当的测试微生物悬浮液，该悬浮液相当于 0.5 的马克法兰氏浊度标准。
- 根据需要将每个接种环适当地划线到选择板的表面上，或接种到选择性肉汤中，再接种到对照培养基上以检查活性。
- 根据培养基使用情况适当培养。
- 培养后检查测试微生物的生长情况。
- 通常微生物的生长应完全抑制。任何微生物生长都表明选择培养基失效。应拒绝使用该培养基，并调查失效的原因。

注意：BGA 培养基上的大肠杆菌可能仅被部分抑制，微量生长，因此记录在培养基质量控制日志中。这是可以接受的，前提是与对照培养基相比，生长受到明显抑制。

化学药品和试剂

用于制备微生物培养基的化学药品和试剂必须按照制造商的说明进行储存。MSDS 和 COSHH 数据必须在使用时保留，并传递给健康与安全主管（或指定人员）以供参考。化学药品和试剂过期后不得使用，并应根据当地的卫生、安全和环境法规进行处置。

内部生产的试剂在使用前必须经过适当的质量控制检查，以确保其适合特定目的并满足要求。如同微生物培养基一样，任何质量控制检查都应使用经过验证的方式进行。质量控制检查的结果应记录在相应的日志中。

商业试剂盒

商业试剂盒只能从信誉良好的制造商处购买，并按照制造商的说明进行储存。商业试剂盒应按说明使用，对使用流程或范围的任何修改均应视为对标准方法的修改，并进行验证。

首次打开试剂盒时，应检查有效期，以确保其有效，并在试剂盒或容器上写明试剂盒打开的日期。试剂盒内成分不应在试剂盒之间互换。

商业试剂盒通常指定了适用情况。可以使用经过验证的培养基对其进行定期检查，但不能使用常规培养来验证商业化培养基的性能。

试剂盒中应保留制造商说明书，每次开启新的试剂盒时，应将新的说明书与之前的说明书进行比较，以确保方法没有变化。如果有更改，应向操作人员强调，必要时应更改相应的标准操作流程。

如果没有变化，实验室分析员应在说明书上注明，并将其保留在试剂盒中。丢弃之前的说明书，以确保正确的说明书随时可用。

质量控制

可以购买商品化马克法兰氏浊度标准液用于比较浊度。

健康和安全

处理干燥培养基或化学药品时，尽量减少粉尘的产生。使用 EN149:2001+A1:2009 标准的一次性半面罩呼吸器，并在 MSDS、COSHH 或风险评估文件中注明 CE 标记。有些培养基可能含有特定的危害，应特别注意危害标签，并参考产品安全数据表、相关的 COSHH 表格和风险评估。

培养基的质量控制测试涉及对第 2 类（CL2）微生物的处理。如果培养基特别指定为培养第 3 类（CL3）微生物，则应尽可能使用非毒性控制。

在高压灭菌后或沸腾期间处理热培养基时，需要特别小心。

参考文献

European co-operation for accreditation. 2002. EA-04/10 Accreditation for Microbiology Laboratories EA-04/10 G:2002. Paris，France.

UKAS. 2009. Lab 31 Use of culture media procured ready-to-use or partially completed in microbiological testing. UKAS publication Lab 31 edition 2，June 2009. Feltham，UK.

微生物样品接收

目的和范围

该流程是接收微生物样品并进行样品检测的工作人员应遵循的流程。此流程适用于所有样品的接收、保存，并确保处理样品人员的安全。

责任

- 实验室分析人员。接收实验室样品，确保它们适合于所要求的检测并保持其完整性。
- 实验室主管 / 主任。确保样品接收人员熟练地接收、处理和记录样品。确保有适当的健康与安全流程可用并遵守（可以将其委派给健康与安全主管或其他指定人员）。
- 质量保证主管。确保在样品处理和存储的所有阶段都保持完整性。定期对样品接收流程进行内部审核，以确保合规。

设备

- PPE（手套和护目镜）。
- 安全柜（视情况而定）。
- 带孔平底铲。
- 冰箱。

要求

消毒剂（如 5% 次氯酸钠）。

流程

可以通过多种不同方式接收提交检测的样品，如快递、客户或其代理商直接提交等方式。收到样品后，必须确保当场记录客户的全部详细信息以及所需的检测，或由客户将信息随样品一同提交，随后将形成实验室与客户之间的合约。客户在离开之前必须填写好任何可能遗漏的细节信息，如果样品是通过快递接收的，则应与客户联系并在提交文档中注明缺失的信息。如果以这种方式收集了之前遗漏的信息，则必须在提交文档中标注记录信息的日期和时间。

接收实验样本的工作人员必须有适当的个人防护装备（如手套和护目镜）。

提交进行微生物检测的样品中可能含有有害的病原体，客户有责任确保样品对接收人员、快递员或邮局工作人员没有任何风险。当地法规可能会规定生物危害材料所需的样品容器和标签。

如果可行的话，实验室必须在收货时检查并记录样品的温度，因为这可能会对运输过程中样品的完整性产生影响。还应考虑样品在运输过程中是否被冷冻、解冻或经受高温，因为这可能会影响后续的分析结果。

收到样品后，如果有样品泄漏，必须立即将其连同所有被污染的文件和包装一起转移到安全柜中。只有受过培训的工作人员可以打开包装，并使用合适的消毒剂（如 5% 次氯酸钠）清洁容器，必要时将内容物转移到另一个干净容器中。

请勿尝试清洁文档或包装。包装必须作为生物危害废物处理。如果文档被污染，应将其放在干净的透明袋中复印。然后将原文档作为生物危害废物进行处置。

如果样品已放入玻璃容器中并在运输途中损坏，则不得尝试清洁或回收样品。应妥善处理并通知客户。

泄漏样品的所有详细信息应记录在提交的文档中，并作为对实验室报告的部分内容传达给客户。所有微生物样品的泄漏事件都应通知健康与安全主管。

如果样品被严重污染或损害，不适合进行检测，则必须将其作为生物危害废物进行处理，并通知客户。

如果样品存在变质、泄漏、混合污染、样品量不足或不适合作为检测样品，则可拒绝接收样品。

如果收到不合适或量不足的样品，仍可以进行检测处理，但是必须首先由实验室主管 / 主任与客户达成协议，并且使用此类样品生成的所有报告都将包含说明其状态为不足或不适合的声明，并按照约定的检测范围进行检测。

收到样品后必须立即为样品分配唯一的实验室识别号。将该编号分配给样品和文档，并将在整个检测过程中使用，并用于所有存储容器、实验室报告、工作表等。记录收到样品的接收时间和样品状况。

样品收到后必须立即转移至微生物实验室。在微生物实验室中，实验分析员可以审查所要求的检测，并开始处理样品或存储样品等待检测。

必须始终保持样品完整性，并且以最合适的方式保存样品，以最大程度地减少微生物代谢的变化。对于微生物样品，通常在 2 ~ 8℃避光保存。在开始检测之前，必须将储存在 2 ~ 8℃的样品置于室温（18 ~ 21℃）（请参阅微生物样品的处理和制备），收到样品时不应冷冻。

参考文献

European co-operation for accreditation. 2002. EA-04/10 Accreditation for microbiology laboratories EA-04/10 G:2002. Paris，France.

ISO 6498:2012. Animal feeding stuffs-Guidelines for sample preparation. Geneva，Switzerland.

微生物样品的处理和制备

目的和范围

本流程描述了实验室进行动物饲料样品微生物分析的处理和准备工作。具体的处理要求由每个样品的性质决定。样品的正确处理和制备可以保持样品的完整性，最大限度地减少微生物数量的变化，并确保处理人员的安全。

本流程适用于所有饲料样品。

责任

- 实验室分析员。以正确的方式处理要进行微生物检测的样品。
- 实验室主管 / 主任。对实验室人员进行培训，确保其有能力处理样品。
- 质量保证主管。确保在处理和准备的所有阶段都保持样品完整性，并进行定期审核以确保合规性。
- 健康与安全主管（或承担此职责的人员）。确保所有处理和制备微生物样品的人员都经过专业的培训，了解其危害性，并配备个人防护装备。

设备

- PPE（手套和护目镜）。
- 生物安全柜（视情况而定）。
- 无菌取样铲。
- 无菌刀或手术刀。
- 无菌钳。
- 无菌剪刀（必要时可修剪样品）。
- 涡旋仪。
- 2 ~ 8℃冰箱。
- 摇床。
- 研磨仪。
- 分样器。
- 匀浆机。
- 筛网。

- 天平。
- 四分法取样装置。
- 消毒工具和锤子（用于破碎坚硬的固体样品）。

试剂

合适的消毒剂（如 5% 次氯酸钠）。

取样方法

注意：对于提交的用于检测动物蛋白的样品，有专门的指导原则。参考动物饲料样品中动物蛋白的检测章节。

用于微生物检测的所需样品体积将在相关的标准操作流程中规定。在选择用于微生物检测的样品时，应注意不要被环境中的微生物污染，因为环境中的微生物可能会使原始样品中的生物过度生长或产生错误的检测结果。

除非能保证取样设备（研磨机、槽式取样器等）的无菌性，否则在处理微生物样品时不应使用这些设备。

处理时使用的样品必须能够代表所提交的整个样品。理想情况下，应指导客户进行样品的采集。

如果客户提交了大量饲料样品，则可以使用以下流程来获得具有代表性或选择性的样品。

采样方式可以是两种类型之一：代表性抽样或选择性抽样。

代表性抽样

代表性抽样从较大的体积中获取小部分样品，通过这样的方式确定的样品可代表整个样本平均水平。

选择性取样

如果在样品分析中观察到一部分样品与其他部分有明显差异，则应将该部分与整个样品分开，并作为单独的批次处理。如果不能，则应处理整个样品，并记录有明显差异的样品比例。

在任何一种情况下，都应在提交客户的最终报告中记录细节信息。

统计考虑

验收抽样是动物营养实验室常用的采样方法。对于按属性抽样，抽样方案通常基于二项式分布来确定。该方案可简化为总体样品质量大小与份样数量之间的平方根关系。

对于散装产品，抽取的样本间差异通常被认为是一致的。如果样品质量为 2 ~ 5t，则至少要抽取 7 份样本。而对于 5 ~ 8t 的样品，则抽样次数应至少等于 $\sqrt{20}$ m（m 为样品的吨数）。如果产品质量超过 80t，则平方根关系依然存在，但准确性较差。

取样设备

研磨仪能够研磨饲料，而不会引起样品中水分的明显变化，并且不应产生过多的热量（这可能会对样品产生不利影响）。如果要检测的饲料中水分有流失或增加的可能，则应对结果应用校正系数。系数通过将处理好的（磨碎的）样品的水分含量与处理前的原始样品进行比较来确定。样品研磨后，应能够通过适当大小的筛子。研磨机使用后应彻底清洁，以避免交叉污染（研磨仪包括：Retsch SR-3、ZM 200 和 SR-300 转子研磨器，Romer R.A.S. 型磨机，Retsch ZM-1 研磨仪，Robot Coupe 搅拌机）。

- 槽式取样器。包括 Carpco SS-16-25、Carpco SS-32-12X、Retsch PK1000。
- 匀浆仪。将湿润饲料均匀化。
- 具有 4mm 筛孔的粉碎机也可用于处理冷冻饲料。
- 由金属丝网或类似材料制成的孔径为 1.0mm、2.8mm 和 4.0mm 的筛网。
- 机械摇床。用于摇动黏性液体，如糖蜜样品。
- 分样器。带分选系统的锥形分配器或多槽分配器等设备将确保实验室样品的均匀划分。
- 工具。包括锤子（用于敲打螺丝刀 / 凿子）、螺丝刀 / 凿子（用于把糖蜜块打碎成更小的块），也可以使用刮刀。
- 移液管。用于移取湿饲料和液体饲料。
- 样品容器。适合于保持样品完整性，避免水分、温度或光线造成影响。样品容器应该是无菌的，具有适当的尺寸以允许存储足够的样品以完成所有需要的测定（不少于 100g），并且样品填充后应该留有一定的空间。容器应安装有牢固的盖子，并且应在容器而非盖子上标有标记。

如果要对样品进行微生物检测，则应在无菌条件下进行处理，以保持微生物的数量。

研磨或粉碎操作应尽可能快速，避免长时间暴露在空气中。在使用研磨机之前，可能需要对样品进行破碎处理。

细样品

如果样品可以通过 1.0mm 的筛子，则应将其彻底混合并使用均分法或四分法取样器进行分隔。应将结块样品取出，在消毒的研钵中压碎，放回样品中继续混匀。

粗样品

如果样品通过了 2.8mm 筛，但未通过 1.0mm 筛，则应将其磨碎，直到其通过 1.0mm 筛，然后按照细样品进行混匀。同样，如果样品通过了 2.8mm 筛，但未通过 4.0mm 筛，应除去团块，在消毒的研钵中压碎，送回样品中混匀。

难磨样品

如果样品难以使用研磨机研磨粉碎，则应确定初始样品中的水分含量，然后用研钵和研杵将其压碎，直到其通过 1.0mm 筛。然后应确定压碎样品中的水分含量，以便确定校正参数。

牧草或谷类青贮饲料

整个样品应研磨并混合。一些样品可能需要事先切碎。可以通过在烤箱中于 60 ~ 70℃过夜，烘干一部分来预先确定样品中的水分含量。

液体样品

样品应使用均质器或搅拌器混合，以确保液体中物质完全分散，并使用无菌移液器转移样品。

样品处理

干饲料样品制备

通常，对原始样本进行过筛处理，直到获得颗粒大小满意的样本为止。将研磨的样品放入带标签的无菌袋中，并将未研磨样品放回样品袋中以进行保存。在每个容器（袋子、瓶子等）上贴上匹配的标识号（如条形码）。

- 将样品袋中的部分样品经合适的研磨仪研磨粉碎。
- 某些样品在研磨或磨碎过程中可能会导致水分和挥发性物质的损失或增加，对此应予以关注。研磨过程应尽可能快速，以避免长时间暴露于空气中。
- 将磨碎的样品放在无菌纸或无菌培养皿上。
- 在称取实验样品之前，将样品进行充分混匀。

- 将足量的混合研磨粉碎样品转移至无菌样品瓶中。
- 分析后立即放置回样品存储区。

实验室样品获取流程

- 如果将样品保存在冰箱中，应使样品恢复至室温。
- 通过滚动瓶子并将瓶子从左向右倾斜（旋转）几秒钟来混合样品，不要震荡。
- 选用合适的方法称量样品。
- 将样品放置到合适的储藏区域。

液体糖蜜样品

- 样品应冷藏保存。
- 检测前让样品恢复至室温。
- 剧烈摇动样品 1min 使其充分的混匀。对于黏性太大而无法用手摇动的样品，需要使用机械摇床。摇动样品不少于 15min 或按照合适的标准操作流程中所述方法进行摇动以彻底混匀样品。
- 选择合适的称量方式称取样品（从样品瓶溢出的样品要清理掉）。
- 将样品放置回冰箱。

糖蜜/舔砖样品

- 样品应冷藏保存，不要冷冻。
- 检测前让样品恢复至室温。
- 对于软块，用刮刀从周围不同的位置切下小部分样品，直到达到所需的重量。对于硬块状样品，从周围不同的位置凿开小部分样品，直到达到所需的重量（使用锤子和螺丝刀 / 凿子，确保穿戴了合适的个人防护装备）。
- 将样品放置回冰箱。

样品处理流程

样品检测应在收到样品当天，或者能够按照流程完成该实验的第一个工作日开始。如果未在收到样品当天开始检测，则应将样品保存在 2 ~ 8℃或者保存在能保持其完整性的条件下直到开始检测。如果样品在冷藏状态，应在检测开始前将样品从冰箱中取出，并在室温下保存至少 1h。样品的储存过程中应避免与其他样品发生交叉污染。

微生物可在低 pH 值（低至 5.5）和高 pH 值（高于 10.0）的干燥饲料中长期

存活。在制备微生物稀释液时，微生物可能会变得活跃，而不适宜的 pH 值可能会影响其活力。在干燥的饲料样品中，应根据适当方法中的规定使用氢氧化钠溶液或盐酸调节 pH 值。

微量元素（特别是铜）在化合物、矿物质饲料、预混料和辅助性饲料中以离子形式存在，高浓度铜对微生物有毒性作用，铜对于乳酸菌和酵母菌的毒性阈值约为 20mg/L。选择水溶性的螯合剂（如亚氨基二乙酸）可降低游离铜离子的浓度。

对于细样品、粗样品、青草或谷类青贮饲料样品和半固体样品，必须先使用无菌铲、勺子或搅拌棒将样品充分混合，然后再进行二次采样。使用无菌小铲或勺子将所需部分转移至带有标识的无菌容器。如果需要，可以使用无菌剪刀将长的样品（例如干草）剪成更合适的长度。将无菌容器或铝箔放在天平上，称取检测所需的准确质量。

液体或半固体样品应通过反转（而不是摇晃）或置于涡旋混合器中进行充分混合，以确保所有物质完全分散，并使用无菌移液器转移所需的体积。对于太黏而无法用手或涡旋混合的样品（例如糖蜜），可将样品放在机械振荡器上振荡 15min 或按照相应的标准操作流程说明进行操作。

固体样品应使用无菌刀或手术刀切成小块。理想情况下，应将样品切开以暴露出未被污染的一面，并从未污染的区域中取出样品，以避免在最初采集样品时可能导致的污染。取出的样品应置于无菌容器中，并进行标识说明。

应使用无菌镊子操作样本，如果用手操作，则应佩戴无菌实验室手套。非无菌实验室手套可在戴上后用酒精消毒。

在取完所需的部分样品后，应立即将其转交给实验室分析人员进行检测。剩余的样品应在约定的时间段内放置回样品储存处。保留期限将在适当的标准操作流程中进行说明，并且应在实验室报告提交给客户之后，允许进行后续的重测。提交给微生物实验室的样品在检测后不应退还给客户。

处理样本时应确保不会对生物造成感染或伤害（即在经由本地认可的废物通道弃置废物前，先进行高压灭菌或焚烧）。

健康和安全

处理精细粉末样品时尽量减少粉尘的产生。在风险评估文件中，应标明使用符合 EN149 标准并带有 CE 标记的一次性半面罩呼吸器。

使用刀具或手术刀时必须小心。可以考虑在普通实验室手套外穿戴防割手套（如 Kevlar ™或类似的防护设备）。如果使用工具切割固体材料的一部分，应该佩戴合适的护目镜。

参考文献

European co-operation for accreditation. 2002. EA-04/10 Accreditation for microbiology laboratories EA-04/10 G:2002. Paris，France.

ISO 6497:2002. Animal feeding stuffs-Sampling. Geneva，Switzerland.

ISO 6498:2012. Animal feeding stuffs-Guidelines for sample preparation. Geneva，Switzerland.

ISO 21528-2:2004. Microbiology of food and animal feeding stuffs-Horizontal methods for the detection and enumeration of Enterobacteriaceae Part 2：Colony-count method.Geneva，Switzerland.

VDLUFA. 2012. Methods book Ⅲ 8th Supplement 2012，No 28.1.1. Standard operating procedure to enumerate micro-organism using solid culture media. Speyer，Germany.

传统方法和商业方法进行微生物鉴定

原则和范围

本流程的目的是为分离鉴定具有兽医临床或人畜共患病临床意义的细菌提供参考。

本方法适用于在动物饲料微生物实验室中的所有细菌的分离。

职责

- 实验室分析员。遵循微生物实验室中现有的可控流程方法和经验来鉴定实验室中分离出的微生物。
- 实验室主管 / 主任。确保微生物实验室分析员具有使用现有的方法鉴定所分离出的微生物的经验和能力。
- 质量保证主管。确保在微生物实验室中涉及微生物分离鉴定的所有过程都有可控的流程，并且确保全体员工具备相应的能力，还要进行定期审核以确保符合规定。

设备

- 载玻片。
- 显微镜。
- 本生灯。
- 微生物接种环。
- 医用镊子。

试剂

相应的商业化试剂盒和常规微生物鉴定试剂。

流程

根据客户提供的信息（样品类型和使用的检测流程），实验室分析人员利用其对细菌菌落外观的了解，记录分离培养基上相关菌落形态或可疑菌的生长状况。

当使用指示培养基或高度选择性培养基时，可以先假定在平板上观察到的菌落就是目标微生物。在这种情况下，实验室分析员必须根据相关标准操作流程中的规定技术对微生物进行鉴定。

如果生长情况被判断为是多种菌株的混合生长或不太可能具有临床意义的污染物生长，则可以只记录生长状况，而无须进一步尝试进行菌落的描述或鉴定。

试验分析员通过查阅相关文献了解相关知识和技能，检测一系列主要特征确定相关微生物并展开进一步研究，这些检测可能包括：革兰氏染色、过氧化氢酶试验、氧化酶试验、吲哚试验、运动性试验和空气生长需求（参阅相应的方法流程）。

对初步信息进行鉴别，以确定信息量是否足以进行推理鉴定，以及是否可进行进一步的试验检测。

如果当前信息不足以进行推理鉴定，将使用适当的标准操作流程中确定的相应微生物试验进行进一步检测。

如果得出了令人满意的鉴定结果，记录相关信息。

如果结果不令人满意，应进行进一步的检测，直到做出满意的鉴定结果。当样品中重要的菌株无法获得令人满意的鉴定结果时，应将该菌株送至专业实验室进行鉴定。

肠杆菌科

肠杆菌科属于兼性厌氧的革兰氏阴性菌，其特性是过氧化氢酶阳性、氧化酶阴性、可对碳水化合物进行发酵。

肠杆菌科成员在自然环境中分布广泛，有些在人和动物肠道可正常定植。肠杆菌也包含对动物有致病性和可致人畜共患病的菌属。

肠杆菌科具有典型菌落外观和革兰氏反应，分离得到的肠杆菌应进行氧化酶反应试验，以便进一步鉴定。

氧化酶阴性的菌株可根据商业生化指标系统的说明（如 API 20E™）进行检测。

当试验检测完成后，将数据输入到数据库中，可获得分离微生物的菌株信息和结果可靠性的概率。

肠杆菌科包含大肠杆菌。有关大肠杆菌 O157 的进一步鉴定，请参考大肠杆菌 O157 的分离和鉴定标准操作流程。

关于沙门氏菌的进一步鉴定，请参考沙门氏菌分离和鉴定的标准操作流程。

除肠杆菌科和巴斯德氏菌科以外的革兰氏阴性需氧菌

就本标准操作流程而言，革兰氏阴性杆菌是一大类细菌，其中一些可能是重要的病原体。它们包括完全的好氧属和兼性属。大多数分离株均为氧化酶阳性，但少数可能为氧化酶阴性。

适合进一步鉴定的分离株应进行氧化酶反应检测，并遵循制造商说明的商业生化指标系统（如 API 20E™）进行进一步检测。

当试验完成时，将获得一个数值分布图，将该分布图输入到数据库中，可获得分离微生物的菌株信息和结果可靠性的概率。

参见“饲料样品中肠杆菌科的检测和计数”标准操作流程。

无芽孢革兰氏阳性杆菌

无芽孢革兰氏阳性杆菌代表了一大群不同的微生物，其中包含许多对动物有重要意义的微生物。根据细胞形态学科分为规则和不规则杆菌。

常见的革兰氏阳性杆菌

李斯特氏菌属和丹毒丝菌属是两个非常重要的菌属，它们可以通过过氧化氢酶试验进行分离。

李斯特氏菌属

常见的过氧化氢酶阳性杆菌可能是李斯特氏菌属，包含致病性和非致病性菌。主要病原体为单核增生李斯特氏菌（感染多种宿主）和伊氏李斯特氏菌（通常在绵羊体内发现）。

这些生物体可通过商业生化指标鉴定体系（如 API、MICRO-ID 或类似体系）进行鉴定，检测指标如下表所示。

微生物	β-溶血素	环磷酸腺苷测试 金黄色葡萄球菌	环磷酸腺苷测试 红球菌
单核增生李斯特氏菌	狭窄区域通常不延伸到菌落边缘外	+	-
伊氏李斯特氏菌	更宽更明显的区域	-	+

单核细胞增生李斯特氏菌水解秦皮甲素

李斯特氏菌属（特别是单增李斯特氏菌）在肉汤中培养 2 ~ 4h（在 25℃下培养，用悬滴法检测）后表现特有的“翻滚运动”。参考“革兰氏染色和主要特征检测”标准操作流程。

参阅“饲料样品的李斯特氏菌检测”标准操作流程。

质量控制

主要特征检测

- 过氧化氢酶。根据制造商试剂盒的说明。
- 氧化酶。用合适的阳性和阴性对照菌株进行检查，并将结果记录在相应的实验室日志中。
- 吲哚。用适当的阳性和阴性对照进行检查，并将结果记录在相应的实验室日志中。

商业生化指标体系

试纸和试剂在收到后直至有效期内都可使用，前提是它们在使用后需立即放置回合适的储存条件下。

其他商业鉴定检测

试剂、抗血清、商业试剂盒和药敏片等分别用阳性和阴性对照菌株进行测试。结果记录在相应的实验室日志中。

结果报告

根据案例的要求和适当的标准操作流程中的规定，将所鉴定微生物归为某一属或某一种。

参考文献

Carter，G.R. & Cole，J.R. 1990. Diagnostic procedures in veterinary bacteriology and mycology，5th edn. Academic Press. ISBN 0-12-161775-0. Virginia，USA.

Quinn，P.J.，Carter，M.E.，Markey，B. & Carter，G.R. 1994. In：Clinical veterinary microbiology，Wolfe Publishing. ISBN 0 7234 1711 3. Dublin，Ireland.

革兰氏染色和主要特征的检测

原则和范围

本流程的目的是描述用于分离和鉴定具有兽医临床或人畜共患病临床意义的细菌及主要特征鉴定试验。

该流程适用于动物饲料微生物实验室所有细菌的分离鉴定。该流程包括以下方法。

- 革兰氏染色。
- 氧化酶反应。
- 过氧化氢酶反应。
- 吲哚试验。
- 葡萄糖发酵试验。
- 糖发酵试验（即 L- 鼠李糖、甘露醇、D- 木糖等）。
- 秦皮甲素水解试验（也称为七叶苷或七叶灵）。
- 运动试验。
- 亚硝酸盐还原试验。

职责

- 实验室分析员。遵循微生物实验室中可用的控制流程和经验来鉴别微生物实验室中分离出的微生物。
- 实验室主管 / 主任。确保微生物实验室的实验室分析员有经验和能力利用现有资源鉴别分离出的微生物。
- 质量保证主管。确保微生物实验室中所有涉及生物鉴定的过程都在受控流程内，并且工作人员具备所需的能力。要进行定期审计，以确保合规性。

设备

- 载玻片和盖玻片（包括用于悬滴运动试验的带孔载玻片）。
- 显微镜配有油镜（×100）和干镜（×400）。
- 本生灯。
- 由镍 / 铬或铂 / 铱制成的规格为 3mm、10μL 的微生物接种环（直丝）（塑料接种环用于氧化酶和过氧化氢酶试验）。

- 医用镊子。

试剂

- 结晶紫或甲基紫。
- 卢戈氏碘液或革兰氏碘液。
- 丙酮。
- 石碳酸品红。
- N, N, N′, N′- 四甲基对苯二胺二盐酸盐（TMPD）。
- 过氧化氢（H_2O_2）。
- 科氏试剂（异戊醇，对二甲氨基苯甲醛）。
- 七叶苷琼脂。
- 硝酸盐还原肉汤。
- 磺胺酸。
- N- 二甲基 -1- 萘胺。
- 锌粉。
- 色氨酸或蛋白胨肉汤。
- 硝酸盐运动培养基（NMM）。
- 生理盐水。
- 蒸馏水或去离子水。

流程

革兰氏反应

细菌的细胞壁赋予了细菌的刚性，保护细菌免受渗透损伤。细胞壁在结构上有所不同，一些细胞壁具有由肽聚糖和磷壁酸或糖醛酸磷壁酸质组成的简单结构，另一些细胞壁表面具有脂多糖外膜。

当用生物染色剂染色时，这些差异产生不同的反应，较弱的细胞壁吸收第一次染色剂（结晶紫或甲基紫）并染色成紫色。具有脂多糖外膜的更坚固的细胞壁不吸收第一次染色，可以用丙酮脱色，然后这些细菌可以用石炭酸品红复染为红色。染成紫色的细菌称为“革兰氏阳性”，染成红色的细菌称为“革兰氏阴性”。

革兰氏阴性菌通常需要更高浓度的消毒剂来杀灭它们，因为它们的细胞壁更坚固。

试剂

- 结晶紫或甲基紫。
- 革兰氏碘液（或卢戈氏碘液）：碘 1g、碘化钾 2g、蒸馏水 100mL。
- 丙酮。
- 石碳酸品红（10%）。
- 商用革兰氏试剂可以从合适的试剂供应公司购买，随时可用。
- 在载玻片上滴一滴蒸馏水或去离子水，挑取少量菌落乳化在水滴中，制备待鉴定玻片。通过本生火焰干燥并加热固化。
- 用 0.5% 结晶紫（或甲基紫）浸没载玻片 30 ~ 60s。
- 用革兰氏碘液（或卢戈氏碘液）洗脱，浸没载玻片。静置 30 ~ 60s。
- 用自来水冲洗。如果不能保证本地自来水的清洁度，则应使用合适的实验室用水（参考“实验室用水”标准操作流程）。
- 用丙酮脱色（直到涂片不再显出紫色为止），脱色通常在 2 ~ 3s 内完成。接触丙酮一段时间后，必须立即在自来水龙头下用水彻底清洗涂片。长时间暴露在丙酮中可能会导致某些革兰氏阳性菌脱色。
- 用稀释的石炭酸品红（10%）复染 10 ~ 30s。
- 在自来水中冲洗并用干净的吸水纸吸干，风干后用油镜（×100）观察。
- 革兰氏阳性菌会被染成紫色。
- 革兰氏阴性菌会被染成红色。

质量管理

新批次的染色剂在使用前用参考微生物（如 NCTC 或 ATCC）进行适用性检查。

氧化酶反应

氧化酶试验用于确定细菌是否产生某些细胞色素 C 氧化酶。在 N, N, N', N' - 四甲基对苯二胺（TMPD）浸渍的滤纸上涂抹可疑菌落。滤纸在氧化时会变成紫色（氧化酶试验阳性），如果没有被氧化则保持无色（氧化酶试验阴性）。

步骤

- 使用浸渍有 N, N, N′, N′- 四甲基对苯二胺的干燥滤纸（TMPD）。
- 滤纸可以放在培养皿中，用新鲜制备的 TMPD 浸泡。一旦浸渍，纸可以转移到一个新鲜的培养皿中，并在 37℃的培养箱中干燥。滤纸必须避光储存，并在使用前用适当的参考培养基（如 NCTC 或 ATCC）进行检查。

- 用塑料接种环将一可疑菌落无菌转移到滤纸上，并涂抹在表面。
- 观察颜色变化，一般不超过 3min。
- 如果观察到深蓝色到紫色的反应，结果为氧化酶阳性。
- 如果 3min 内没有观察到颜色变化，结果为氧化酶阴性。
- 通常几秒钟内就会观察到颜色变化。
- 可以从合适的试剂供应公司购买商用氧化酶试纸，并按照制造商的说明操作。

质量控制

新批次的试剂 / 试纸在使用前通过染色适当的参考微生物（如 NCTC 或 ATCC）进行适用性检查。

过氧化氢反应

过氧化氢酶是一种在几乎所有接触氧气的生物体中都存在的酶。它可以将过氧化氢（H_2O_2）催化成水和氧气。细菌催化 H_2O_2 的能力是一个有效的鉴定指标。催化过氧化氢的细菌呈过氧化氢酶阳性，不催化过氧化氢的细菌呈过氧化氢酶阴性。

步骤

含有红细胞的培养基中有过氧化氢酶，因此可能产生假阳性结果。只有不含红细胞的培养基中培养出的细菌才能用于过氧化氢酶测试（巧克力琼脂只含有溶解的红细胞，仍然可以使用）。

该酶仅存在于活的微生物中，不应在培养时间超过 24h 的微生物中进行检测，因为培养过的微生物可能会产生假阴性反应。

某些产气菌属和肠球菌属的菌株可能会产生假阳性蛋白酶催化反应。

金属接种环可以与 H_2O_2 反应，产生假阳性反应。因此，只能使用塑料环或玻璃棒或类似物。

- 将大约 0.2mL 的 H_2O_2 溶液加入试管中。
- 用一次性塑料接种环仔细挑选要检测的菌落。
- 将菌落涂在 H_2O_2 溶液表面上方的管壁上。
- 盖上并倾斜试管，让 H_2O_2 溶液覆盖菌落，观察 10s 内 H_2O_2 溶液是否剧烈起泡。
- 在 10s 内剧烈起泡被视为过氧化氢酶阳性。
- 在 10s 内没有观察到气泡被视为过氧化氢酶阴性。

- H_2O_2 可以从合适的试剂供应公司购买。
- H_2O_2 不稳定，应储存在防火冰箱中，远离直射光。

质量控制

由于 H_2O_2 的不稳定性，应每天或在每次测试前用阳性和阴性参考菌株进行质控（如 NCTC 或 ATCC）验证。

吲哚试验

吲哚试验检测了微生物发酵色氨酸产生吲哚的能力。

步骤

细菌在（37 ± 1）℃的无菌色氨酸或蛋白胨肉汤中孵育 24 ~ 48h。

孵育后，可向肉汤中加入 5 滴柯氏试剂。

红色表示阳性反应（吲哚试验阳性），黄色表示阴性反应（吲哚试验阴性）。

市售吲哚发酵测试试剂可以按照制造商的说明使用。

质量控制

每批色氨酸或蛋白胨肉汤都应使用阳性和阴性参考菌株（如 NCTCC 或 ATCC）进行验证。柯氏试剂应定期用参考菌株生物进行测试，以确保其稳定性。

柯氏试剂

异戊醇、对二甲氨基苯甲醛、浓盐酸。

柯氏试剂易燃，吸入有害，刺激眼睛、皮肤和呼吸系统。应采取适当的健康和安全防护措施，并参考适当的 COSHH 和 MSDS 标准。

葡萄糖发酵试验

葡萄糖发酵试验用于测试微生物发酵葡萄糖的能力。

步骤

- 在加盖的试管中制备葡萄糖琼脂。
- 使用无菌接种丝（镍 / 铬或铂 / 铱）挑取菌落穿刺葡萄糖琼脂。
- 在（37 ± 1）℃孵育（24 ± 2）h。
- 穿刺周围呈黄色表示阳性反应。

- 有市售的葡萄糖发酵测试试剂（如 DIATABS），可以按照制造商的说明使用。

质量控制

应接种适当的参考菌株（如 NCTCC 或 ATCC）作为阳性和阴性对照。

糖发酵试验（如L-鼠李糖、甘露醇、D-木糖等）

利用细菌发酵各种碳水化合物的能力可以鉴定细菌的种类。含 pH 值指示剂的糖发酵液可在实验室制备，也可购买商用试剂，并按照制造商的说明使用。在孵育后，pH 值的变化会导致颜色的变化，表明呈阳性反应。

步骤

- 使用微生物接种环从营养琼脂平板接种菌落至糖发酵液。
- 在（37 ± 1）℃孵育（24 ± 2）h。
- 颜色变化（取决于所用的糖发酵液）表明呈阳性反应。

质量控制

应接种适当的参考菌株（如 NCTCC 或 ATCC）作为阳性和阴性对照。

秦皮甲素水解试验

秦皮甲素（也称为七叶苷或七叶灵）是一种糖苷，当与柠檬酸铁一起加入琼脂中时，可用于帮助鉴定某些细菌，如单核增生李斯特氏菌。秦皮甲素水解产生秦皮乙素和葡萄糖，秦皮乙素与柠檬酸铁反应产生黑色或棕色铁络合物。

步骤

使用微生物接种环接种待测菌落至秦皮甲素琼脂表面，并在（37 ± 1）℃孵育 24h。观察整个琼脂表面上的黑色沉淀。

商业测试试剂盒也可以替代上述方法。

质量控制

应接种适当的参考菌株（如 NCTCC 或 ATCC）作为阳性和阴性对照。

运动试验

有些细菌通过鞭毛活动。鞭毛是一种从细胞壁突出的螺旋状细丝，这些细丝通过旋转进行运动。有些细菌只有单个鞭毛，有的一端有一组鞭毛，也可能有许多鞭毛分布在细胞壁周围。

运动试验可以在显微镜下观察。必须小心区分细菌运动和自然发生的布朗运动。

步骤

- 悬滴法（使用带有中央凹陷载玻片）。
- 在营养肉汤中或在盐水中制备细菌悬浮液。如果制备盐水悬液，应在接种前将盐水加热至最佳培养温度。
- 将一小滴菌液滴在盖玻片的中心。
- 在盖玻片的每个角落放一小滴无菌水。
- 将盖玻片粘附在载玻片上，菌液将悬浮在孔中。
- 用显微镜检查（×400）活动的微生物。
- 细菌真正的运动是有组织的运动，可能表现为前进、左右摆动或翻滚，但必须与自然布朗运动相区别。
- 如果没有凹陷载玻片，可以在普通显微镜载玻片上涂抹一圈凡士林（用注射器涂抹）或橡皮泥，并盖上盖玻片。
- 可使用硝酸盐运动培养基（NMM）以测试梭菌属的运动性。用接种丝挑取可疑梭状芽孢杆菌菌落穿刺培养基，并在（37±1）℃的温度下厌氧培养（24±4）h。
- 如果在穿刺线以外和整个NMM培养基处观察到生长（产生浑浊的外观），则可以认为微生物是能运动的。如果生长仅限于穿刺线，微生物则被认为是不能运动的。

质量控制

应使用合适的能运动的参考菌株（如NCTCC或ATCC）作为整个测试的对照。

硝酸盐还原试验

硝酸盐还原试验是检测细菌将硝酸盐（NO_3）还原为亚硝酸盐（NO_2）或另一种氮化合物如氨（NH_3）或氮气（N_2）的能力。

步骤

- 可以将可疑菌落接种硝酸盐还原肉汤，并在适当的温度下培养48h来检测微生物对硝酸的还原情况。

- 加入 10 ~ 15 滴对氨基苯磺酸和 N, N- 二甲基 -1- 萘胺，观察 5min 内的红色变化。变红色表明硝酸盐还原阳性反应。
- 如果没有颜色变化，可能是硝酸盐被进一步还原为氨气或氮气，因此需要进行进一步的测试来检测未还原的硝酸盐。
- 锌可以将硝酸盐还原为亚硝酸盐，因此可以检测未还原的硝酸盐。
- 向肉汤中加入锌粉，观察颜色变化（因为已经存在对氨基苯磺酸和 N, N- 二甲基 -1- 萘胺）。如果加入锌粉后肉汤变红，记录为阴性反应，因为在加入锌粉之前硝酸盐未被还原。
- 如果肉汤不变色，则不存在硝酸盐，因为它已被还原为亚硝酸盐，然后进一步转化为氨气或氮气，记录为阳性反应。

质量控制

应使用合适的能运动的参考菌株（如 NCTCC 或 ATCC）作为整个测试的对照。

参考文献

ISO 21528-2:2004. Microbiology of food and animal feeding stuffs-Horizontal methods for the detection and enumeration of Enterobacteriaceae Part 2:Colony-count method. Geneva，Switzerland.

高压灭菌器的使用

原则和范围

该流程的目的是描述高压灭菌器在处理微生物培养基和试剂以及对微生物废物进行灭菌的操作。

职责

- 实验室分析员。在微生物实验室中使用高压灭菌器时，要遵循其操作流程和使用指南。
- 实验室主管 / 主任。确保微生物实验室的实验室分析员具有有效、安全地操作高压灭菌器的经验和能力。
- 质量保证主管。确保所有涉及使用高压灭菌器的过程都符合操作流程，并确保员工具备所需的能力。此外还要进行定期审核以确保符合规定。
- 健康与安全主管（或承担此职责的人员）。确保对微生物实验室中高压灭菌器的操作采取适当的控制措施（维护计划、风险评估、个人防护等）。

流程

高压灭菌器是微生物实验室中必不可少的设备，可用于在实验前对微生物培养基和试剂进行灭菌，对实验室设备（如玻璃容器或其他可重复使用的玻璃器皿等）进行灭菌，此外还可以用于微生物废弃物的无害化处理。

在 121℃或 134℃条件下，除了朊病毒之外，高压灭菌器可以杀灭所有的细菌、真菌、病毒和细菌孢子。建议灭菌器的温度为 121 ~ 132℃保持 60min 或 134℃保持 18min 以杀灭朊病毒。

高压灭菌器使用密封的压力容器将水沸腾的温度提高到 100℃以上。在每平方英寸[①]15 磅的压力（100kPa）下，蒸汽的温度为 121℃。

在 100 ~ 135℃范围内，温度每提高 10℃，细菌孢子死亡率就会增加 8 ~ 10 倍。当温度为 121℃时，保持温度 15min 足以对物品进行灭菌。当温度为 134℃时，灭菌时间可以缩减为 3min。

高压灭菌器由内室和外室组成，蒸汽在两室之间循环。一旦内室中的空气被

① 1平方英寸≈0.000 645 2m^2。

抽空，蒸汽就可以在压力作用下进入内室从而对放置的物品进行灭菌。

如果需要，在灭菌循环结束时可以将蒸汽从内腔室中抽空，但可以使其继续在内外腔壁间循环，使内腔室保持高温，从而进行干热灭菌。水分从灭菌物品中蒸发，过滤后的空气被吸入腔室中。

内腔室中的灭菌物品周围应留有足够空间，以让蒸汽穿透，并且不要超载。微生物废弃物应放在适当的高压灭菌袋中，捆扎并固定高压灭菌袋在坚固的具有防漏功能的托盘上。

从高压灭菌器中取出物品时要小心，因为灭菌之后，物品依然会保持长时间的高温。在打开盖之前，请确保将腔室内蒸汽已排出，并且物品温度已降低。

打开盖前务必检查自动锁定装置是否已经打开。开盖前请保持其他人员远离灭菌器，因为热的液体或蒸气可能会从腔室内逸出，应避免烫伤。

现代高压灭菌器会将各个阶段自动化成一个预编程的周期。但是日常维护、使用以及健康和安全要求方面的培训至关重要。

例行维护、清洁和检查只能由经过培训的实验室分析人员执行，所有常规维护和保养均应由经过培训的高压灭菌器工程师执行。

建议将干净的（如实验室培养基或玻璃器皿）与污染的（如微生物废弃物）物品分开消毒。

家用高压锅也是一种高压灭菌器，但其不会干燥灭菌物品或将空气排出。因此应避免使用家用高压锅进行灭菌。

质量控制

应当准确记录灭菌的日期和时间，以及灭菌的具体物品。此外，灭菌时间、温度和压力都应记录下来，并注意观察记录任何可疑现象或故障。许多现代高压灭菌器可以打印出所达到的温度数据记录。

确保高压灭菌器已达到预期的温度，可使用高压灭菌胶带（达到 121℃颜色会变化的胶带）或达到预期温度可发生颜色变化的化学指示剂。也可使用嗜热脂肪芽孢杆菌的孢子作为指示剂，经高压灭菌后将其进行培养，如果该菌未被破坏，则颜色会发生明显变化。

所有高压灭菌器指示剂都可以从实验室供应商处购买。

验证

- 由受过专业培训的人员使用经过校准且符合国家标准的测温设备进行验证。
- 实验室至少每年进行一次维护验证。

- 高压灭菌器的负责人必须检查确认证书和打印件，确保高压灭菌器符合标准。
- 验证记录必须保存 7 年。

进行验证

高压灭菌过程包括 3 个阶段：预热、保持和冷却。应确保在保持阶段整个灭菌物品能够达到所需温度，并可以保持所需的时间。

如果高压灭菌器用于包含病原体或有害的转基因微生物的物品灭菌时，必须确保达到了 100% 的灭菌率。

废弃物灭菌流程验证如下。

- 将“最差条件”的模拟废弃物（即最差情况下的废弃物体积、材料和设备，但没有被病原体污染）放入高压灭菌器中。
- 将温度探头插入废弃物的各个位置，并将其连接到记录设备。
- 开始灭菌。当所有传感器都显示已达到规定的灭菌温度时，开始循环。
- 所有传感器必须在规定的温度保持一定时间：121℃（最高 125℃）至少 15min；或 126℃（最高 130℃）至少 10min；或 134℃（最高 136℃）至少 3min。

但是，各种物品和容器在灭菌器内可能加热不均匀。在短时间（3min）内可能会有较大的温度变化，因此应尽可能避免这些情况发生。

验证之后，确定高压灭菌器的灭菌设置。这些设置条件可能变化很大，条件的变化取决于许多因素，如灭菌物品的特性等。

如果操作人员可以更改高压灭菌器的设置的话，废弃物灭菌所需的温度和时间要求必须要清楚地标记在高压灭菌器上。

健康与安全

本文件概括了使用高压灭菌器对可能被一级、二级和三级病原微生物污染的材料和设备进行灭菌，但不包括四级病原微生物污染，四级病原微生物的灭菌需要完全密封的冷凝水设备。

为确保操作高压灭菌器人员的安全，必须向所有操作人员提供使用高压灭菌器的全面培训，只有经过培训并且具备相应能力的人员才能操作设备。需要时酌情使用个人防护设备。

- 防水围裙。
- 隔热手套。
- 防护靴。

- 面罩。

应按照制造商说明书，每季度进行一次维护保养，并应设立每日维护记录。维护计划可与高压灭菌器维护工程师讨论后制订，并参考高压灭菌器使用健康和安全指南（如 BS 2464-4 实验室灭菌用高压灭菌器，1993）。下文描述了高压灭菌器维护的最低要求。操作人员必须在日志中记录使用、维护或维修高压灭菌器时发现的所有问题。

日常维护

操作人员必须每天进行以下检查和操作。

- 检查蒸汽压力是否正常。
- 按照制造商的建议，清洁灭菌腔内部，包括所有内部配件。
- 清洁排水过滤器。
- 用湿布清洁密封条，并检查其状况是否良好，有无切口或磨损。
- 检查日志有无异常情况，如有异常应向负责人报告。
- 目视检查是否有蒸汽和水泄漏。

每周维护

负责人必须每周进行以下检查，并将结果记录在维护日志中。

- 检查指示灯是否正常工作。
- 在每个灭菌循环期间，检查温度表和压力表读数是否相互关联。
- 检查灭菌循环图记录是否异常。

季度维护

维护 / 服务工程师必须每 3 个月进行以下检查，报告任何异常情况和采取的相应措施，并将其记录在维护日志中。

- 检查所有手动阀门开关，打开或关闭所有阀门，观察阀门是否工作正常，然后根据需要进行清洁、润滑和重新安装。
- 检查所有管道连接头。
- 目视检查灭菌腔是否有腐蚀或磨损的迹象。
- 清洁水和蒸汽管道的主过滤器。
- 检查并拧紧所有电加热器的接线端口。
- 清理灭菌腔内的排水管。
- 清理蒸汽疏水阀，根据需要更换元件和蒸汽疏水阀阀芯。
- 检查废水排水管是否干净且排水正常。

- 根据需要，清洁或更换蒸汽减压阀上的零件。
- 检查安全阀和辅助管道是否堵塞。
- 检查控制仪表和记录器，根据需要重新校准或更换。
- 检查门锁装置是否正常。

年度维护和检查

维护/服务工程师必须每年进行以下检查，然后编制年度检查综合报告，并在维护日志中予以参考。

- 检查维修日志中是否有重复出现的故障，确保所有故障已排除。
- 采用制造商允许的方法清除灭菌腔中的氧化层。
- 采用制造商允许的方法清除蒸汽发生器上的水垢。
- 检查并清除水位控制和指示器系统上的水垢。
- 检查压力表的状况和工作情况。
- 检查温度指示器的状况和工作情况。
- 检测安全装置，包括安全阀和门锁装置在运行条件下的运行情况。
- 灭菌腔在空的情况下，进行一个灭菌循环，检查所有的控制功能，包括将压力表和温度计与参考值进行关联校正。
- 在工作条件下检测高压灭菌器的所有功能。
- 与最初的调试和验证相同，在常用的实验室物品灭菌时进行温度检测。

参考文献

BS 2646-3:1993. Autoclaves for sterilisation in laboratories. Guide to safe use and operation. BSI，London，UK.

European co-operation for accreditation. 2002. EA-04/10 Accreditation for microbiology laboratories EA-04/10 G:2002. Paris，France.

培养箱和温控设备的使用

原则和范围

本流程旨在描述培养箱和温度控制设备的使用和监测，该设备在微生物实验室中主要用于培养微生物、保存微生物样品、试剂盒和试剂。

职责

- 实验室分析员。在微生物学实验室使用培养箱和温度控制设备时，遵循适当的流程和指南。
- 实验室主管 / 主任。确保实验室分析员具备有效、安全地操作和维护培养箱和温控设备的能力。
- 质量保证主管。确保所有涉及培养箱和温度控制设备使用的过程都符合操作流程。同时进行定期检查以确保其符合规定。

设备

- 培养箱（含 CO_2 培养箱）。
- 冰箱（包括冰柜）。
- 超低温冰箱。
- 水浴锅。
- 烘箱。
- 具有制冷或培养功能的分析仪和设备。

步骤

所有可能对实验的流程或结果产生影响的温度控制装置必须进行监测，以确保温度保持在预先确定的范围内。该温度范围应根据标准操作流程确定并显示在设备上。

每天使用专用校准温度计或感温探头监测温度。用于监测培养箱和温控设备温度的实验室温度计每年需使用可溯源的校准温度计进行校准。对于培养箱或温控设备，必须记录校正后的温度。若有电子监控系统，当温度超出预设范围时，应发出警报。

温度控制设备在运行时温度会有波动，最好在设备运行初始时就记录温度。

设备的温度可记录于附在设备上的每日记录表上，并由操作员记录。操作员必须确保温度在设备规定的范围内，并在必要时调整温度。

如果温度超出规定范围，则必须调查原因，并立即将任何对温度敏感的物品或部件移除。如果温度超出规定范围，应考虑重新进行受温度影响的试验，或丢弃储存的对温度敏感的物品（例如诊断试剂盒、试剂或培养基等）。

CO_2 作为新陈代谢的产物，是许多细菌生长所必需的。一些生长缓慢或需要复杂营养的细菌自身可能无法产生足够的 CO_2，需要额外提供。此外，当转移到培养基中时，一些细菌可能额外增加了对 CO_2 的需求。许多致病菌需要 5% ~ 10% 的 CO_2 才能在培养箱中生长（嗜二氧化碳细菌）。5% ~ 10% 的 CO_2 可以通过减压阀和流量计从 CO_2 钢瓶中提供。

如果没有 CO_2 培养箱，可购买 CO_2 气体生成包，并在密封厌氧罐中使用。

如果没有其他产生 CO_2 的方法，可在密封罐中点燃一支蜡烛，它可产生大约 5% 的 CO_2。

与监测温度一样，应监测并记录 CO_2 水平。大多数 CO_2 培养箱都有一个 CO_2 测量仪，可用于检测 CO_2 浓度，并由工程师定期校准。

培养箱和温控设备必须遵守清洁和消毒计划。冰箱、冰柜和保温箱必须定期进行清洁和消毒。冰箱和冰柜也应按要求解冻。清洁和消毒的记录必须记录在相应的设备日志中。培养箱和超低温冰箱（如 -80℃冰箱）的适当维护计划应由合格的工程师制订。

概要分析

首次使用培养箱或温控设备时，必须对其进行分析，以验证整个装置内的温度是否恒定。如果发现装置内的一部分区域超出了要求的温度范围（如恒温箱中离加热元件最近的区域），则应在装置内将其标记为“超出使用温度范围”，以防止使用该区域。

培养箱或温控设备是否需要进行维修、技术服务或转移也应该记录在案。所有设备应至少每 2 年重新归档一次。

打开装置并根据放置在装置中心的校准温度计调整恒温器，以提供所需的温度。

使用额外的校准温度计读取装置内不同点的温度，以确保温度读数没有明显变化，符合应用规范。

第一个温度计需保持在设备内中心位置，用作检查设定温度的参考。第二个温度计应依次分别放置在设备顶部、中部和下部的各 5 个点上，朝向中心。避免将温度计过于靠近冰箱、冰箱冷却板或可能有加热元件的培养箱表面。经过一段时间后，将每个温度计的温度记录在记录表上，以使装置温度稳定在其设定点。

记录了两个温度后，移动第二个温度计到下一个连续点。重复该过程以完成每层的 5 个读数。另外，还可以使用多个额外的温度计，以在更短的时间内完成整个过程。

如果温度计的读数偏离设定的单位公差，则该读数无效。温度稳定后，必须重新调整节温器并重复读数。

确保在记录结果期间应用所有适当的校正系数。

每两个月的温度记录日志例表如下所示。

每两个月的温度记录日志

单位号________

位置________

目标温度______℃ ± ________℃

温度计编号______ 修正后______℃ @℃______

月份：________

年份：________

日期	校正后温度（℃）	工作中温度（℃）	初始温度（℃）
1			
2			
3			
……			

存档前，管理员需签字并注明日期

签字______ 日期________

参考文献

European co-operation for accreditation. 2002. EA-04/10 Accreditation for microbiology laboratories EA-04/10 G:2002. Paris, France.Manufacturer's handbook as appropriate.

微生物基本技术

原则和范围

本流程旨在描述实验室分析员在微生物实验室中分离和鉴定微生物所必需的基本实验室技术。

职责

- 实验室分析员。在微生物实验室处理样品时，遵循标准操作流程。
- 实验室主管。确保微生物实验室的实验室分析员具备在微生物实验室处理样品和识别微生物的能力。
- 质量保证主管。确保有适当的标准操作流程可用并监督所有人员遵守执行。
- 健康与安全主管（或承担此职责的人员）。确保实验室分析员熟悉所有风险评估、健康公害性物质控制条例等，并在处理微生物样品方面接受培训，包括 CL2 和 CL3 病原微生物控制（视情况而定）。

设备

- 无菌镊子、手术刀和剪刀。
- 微生物接种环（镍铬、铂丝或一次性无菌塑料接种环）。
- 无菌巴氏吸管。
- 移液枪（带无菌枪头）。
- 本生灯。
- 天平（包括托盘）。
- 载玻片。
- 培养箱（含 CO_2）。
- 带 ×100 油镜的光学显微镜。
- 适当的个人防护（实验室外套、手套等）。

试剂

- 微生物消毒剂（如 5% 次氯酸钠）。

- 微生物培养基。
- 质控标准参考菌株（如 NCTC 或 ATCC）。

步骤

基本微生物学技术的目的如下。

- 将样品中的微生物转移到人工培养基中。
- 避免从环境中引入污染物。
- 避免过程中产生气泡。
- 在固体培养基上获得纯化单菌落。

如果有合适的环境和营养物质，细菌很容易在实验室中培养。大多数人工培养基加入了琼脂。琼脂是从海藻中提取的碳水化合物，在 90℃下融化，在冷却到 40℃之前不会凝固，这意味着可以在它凝固之前添加热敏性成分。固体培养基通常加入 1.5% 的琼脂粉，使培养基呈胶冻状。

培养基可能包括以下成分。

- 水。
- 氯化钠或其他电解质。
- 蛋白胨（通过酶作用从动物或植物蛋白质中提取的蛋白质消化物）。
- 肉类或酵母抽提物（用于浓缩培养基）。
- 血液或血清（通常是马或羊的血）。
- pH 指示剂（如麦康凯琼脂）。
- pH 调节物质。
- 选择性抑制剂或促进剂。
- 显色指示剂。

多数培养基为脱水粉末的形式，在倒入无菌塑料培养皿之前，需要对其进行配制和灭菌。许多供应商也提供预先配制好的培养基，只要供应商对配制好培养基的生产和质量控制进行适当的认证，实验室在使用培养基之前就不必执行广泛的质量控制，这也是供应商明显的优势之一。

细菌在固体培养基上可以生长成分离的、离散的菌落，可用于通过菌落形态鉴定以及传代培养，以产生单菌落进行鉴定试验。固体培养基还可以给细菌定量。

有些培养基含有选择性成分，可抑制不需要的污染物和非目标微生物的生长，并允许特定的微生物生长。培养基也可能含有指示物，通过菌落的颜色分化来显示特定细菌的存在。

制作培养基时，应遵循制造商的说明或公布的配方。始终使用干净的托盘称量，并且只能使用无菌蒸馏水或去离子水，以避免生活用水中可能存在的任何杂质。在制备培养基时需要按说明检测和调整 pH 值。

当培养基准备好分配到无菌塑料培养皿、瓶子或试管中时，必须使用无菌操作并避免气泡的形成。表面若产生气泡可以在培养基凝固之前去除。去除气泡方法是在培养基表面短暂地用本生灯的火焰加热使其爆裂。

一旦倒入无菌塑料培养皿中，培养基必须在室温（18 ~ 22℃）下干燥和凝固 20 ~ 30min，然后倒置并在避光 2 ~ 8℃中储存。在底部标记培养基类型和有效期。培养基在超过有效期后不得使用，使用前应检查培养基，以确保介质表面无污染物生长或已干燥。

微生物培养基的质量控制

使用标准参考菌株（如 NCTC 或 ATCC）对培养基进行质量检查。标准菌株必须定期从低温保存的新鲜标准菌液中分离，不允许有传代两次以上的标准菌株。

使用已校准的 pH 计探针在培养基上测量 pH 值。如果超出可接受范围，则丢弃并调查原因。

无菌检查应在（37 ± 1）℃下培养 2d，2 ~ 8℃培养 10d。若被污染，应调查污染原因并拒收该批次培养基。

对于选择性培养基，在选择性培养基和非选择性培养基上培养特定的微生物进行比较，以观察选择性培养基增强或抑制生长的效果。

用有代表性的微生物样品检测培养基（如麦康基、乳糖发酵），检查阳性和阴性反应。

为了验证保质期，保留几份培养基以便在指定的保质期内重复上述检查。

微生物培养基质量控制的平行生长比较法

- 在相当于 0.5 的马克法兰浊度标准的生理盐水中制备试验微生物悬液，浓度为 1.5×10^{8}CFU/mL。
- 用移液枪或接种环将 10μL 样品液转移到 1mL 无菌生理盐水（稀释 A）中，制备 1：100 稀释液。
- 用稀释液 A 制备 3 个连续的 10 倍稀释液，分别标为 B、C 和 D。
- 用记号笔从底部将平皿划分成四个象限。
- 将 25μL 的每种稀释液（A、B、C 和 D）转移到每个象限。
- 用接种环涂匀每一滴稀释液。
- 在合适的环境下培养。

- 培养后，比较每个培养板上的生长情况。选择生长有单菌落的象限，并进行菌落计数。记录在培养基质量控制日志中。
- 如果与对照培养基相比，试验培养基的回收率达到 50% 以上，则微生物培养基视为合格。
- 对于选择性肉汤，制备稀释液 A ~ D，并分别接种 25μL 到试验肉汤和对照肉汤中。
- 在合适的环境下培养，然后传代培养到所需的琼脂培养基上。
- 每批应在相同条件下培养。

选择性培养基的功效

- 在相当于 0.5 的马克法兰浊度标准的无菌生理盐水中制备适当的试验微生物悬液。
- 从每种悬浮液中用接种环在选择性培养基的表面上划线，或者接种到选择性肉汤中，培养后再接种到对照营养琼脂或血琼脂上，以检查活性。
- 培养后检查试验菌的生长情况。
- 正常情况下生长应该完全被抑制。任何生长都表明选择性培养基失效。应拒收培养基，并调查原因。

注：BGA 培养基上的大肠杆菌可能仅被部分抑制并微量生长，可将此记录在培养基质量控制日志中。与对照培养基相比，大肠杆菌生长受到明显抑制，因此这是可以接受的。

无菌技术

在处理细菌样本时，确保不会引入来自环境的污染，并且始终使用无菌操作。所有关于细菌菌落的操作应使用标准的 10μL（3mm）微生物接种环，由镍/铬或铂/铱丝制成。接种环垂直放置在蓝色本生灯火焰中消毒，直到金属丝发出橙色光，然后在使用前将其放在环架上冷却几分钟。通常使用两个接种环，一个冷却，另一个使用。也可以使用无菌一次性塑料接种环。

为避免污染，微生物学实验室内的灰尘必须保持在最低限度，并且在任何暴露或每个实验流程结束时，必须使用合适的实验室消毒剂（例如 5% 次氯酸钠）消毒。应避免实验室外部的污染（应关闭实验室周围的窗户）。为了使微生物实验室保持舒适的温度，应考虑安装空调。

实验员长发必须扎起来，并始终穿着和系紧袖口的实验服。微生物实验室首选带弹性袖口的实验服，可以防止松散的袖口接触造成污染。

在微生物学实验室操作玻璃仪器时（例如接种菌株或者倾倒培养基时），瓶子或试管口可以短暂地穿过本生灯的火焰进行消毒，但不要超过 1s。

鉴定试验只能从基本的“营养”型培养基中进行，如营养琼脂或血琼脂。应使用标记笔在下方平板上标记。

平板划线（获得单个菌落）

无菌接种环用于在琼脂平板上划线。方法是从固体培养基上挑取一个菌落，或从肉汤培养基中蘸取培养液，在大约 1/4 的待接种平板上来回划一道条纹。接种平板时，保持接种环与培养基表面水平。

对接种环进行消毒（如果使用塑料接种环，则每次操作需更换），并将培养皿旋转 1/4 圈，从之前的条纹中划出 3 ~ 4 条平行条纹。接种环应与培养基表面垂直。

对接种环进行消毒（如果使用塑料接种环，则每次操作需更换），再次旋转 1/4 圈，然后重复该过程。

此步骤重复 3 次，并以到板中心的锯齿线结束。每一步操作都会稀释接种物，并在培养后产生离散的菌落。

在动物营养 / 饲料分析实验室分离的大多数细菌的最适培养温度为（37 ± 1）℃。培养应在适当的实验室培养箱中进行，远离直射光，并将平板倒置，以避免冷凝液滴到培养基上。隔夜培养［（20 ± 3）h］通常足以产生可见菌落。

隔夜培养后的生长可以通过菌落形成单位（CFU）的数量来估计。

（标准 90mm 塑料培养皿）

菌落融合	+++	>1 000CFU
大量的	++	100 ~ 1 000CFU
中等数量的	+	10 ~ 100CFU
稀疏的	+/−	<10CFU

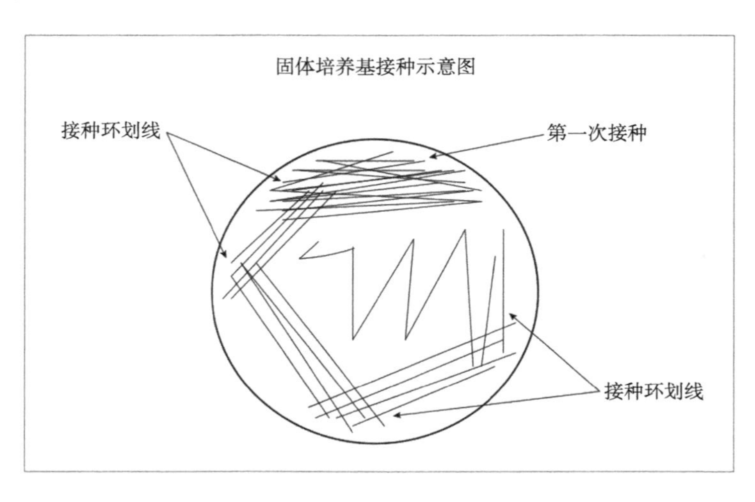

其他菌落特征：

- 大小。菌落直径（mm）。
- 形状。圆形、不规则、起皱、蔓延。
- 边缘。整体的，圆锯齿状的。
- 正面图。平的、凸的、圆顶的、点状的。
- 表面。光滑或粗糙，有光泽或无光泽。
- 颜色。无色、灰白色、半透明、着色、不透明。
- 稠度。奶油状、黏性、坚韧、胶状、干燥、易碎。
- 溶血。α 溶血是血琼脂上产生绿色区域，β 溶血是血琼脂产生透明区域，γ 溶血在一些文献中也有描述（无溶血），但很少使用。

健康与安全

在处理培养基粉末或其他试剂时，尽量减少粉尘的产生，使用符合 EN149 标准的一次性半面罩呼吸器，并在适当的 COSHH 和风险评估文件中进行 CE 标识。某些微生物培养基可能对人有毒害作用，应注意微生物培养基和化学品附带的所有危害标签和产品安全数据表。

在高压灭菌后或煮沸过程中处理高温微生物培养基时需要特别小心。

参考文献

European co-operation for accreditation. 2002. EA-04/10 Accreditation for microbiology laboratories EA-04/10 G:2002. Paris，France.

UKAS. 2009. LAB 31 Use of culture media procured ready-to-use or partially completed in microbiological testing. UKAS publication Lab 31 edition 2，June 2009. Feltham，UK.

天平的使用

原则和范围

本流程的目的是确保微生物实验室称重天平的正确校准和使用。

职责

- 实验室分析员。在微生物实验室使用天平时，遵循适当的流程和指南。
- 实验室主管 / 主任。确保微生物实验室分析员能有效地操作和维护天平。
- 质量保证主管。确保涉及天平使用的过程有受控流程，同时进行定期审核以确保合规性。

设备

每年检查砝码套件等设备。

步骤

服务与校准

微生物实验室的天平应每年由经 ISO/IEC 17025:2005 认证的适当服务承包商进行现场校准和维护。应为每个天平保留可追溯至国家标准的校准证书。

在维修过程中发现的任何故障必须在校准和认证之前进行修理。

微生物实验室中使用的校验砝码无须独立认证。校验砝码在天平校准当天再称重，并记录每个校验砝码的质量，然后将其溯源到国际单位。任何校正系数都应注明并在此后使用。

检测性能

天平必须放置在光线充足、无风的房间内，且水平桌面不能有振动。如果可能出现振动，可将天平放置在较稳定的桌面（如花岗岩、大理石或混凝土桌面），以尽量减少干扰。

天平尽量不要移动，当调零时，显示应稳定。

应使用与天平使用范围相适应的校验砝码每天检查天平的准确性。校验砝码必须存放在保护性容器中。砝码使用应该配有不起毛的抹布或镊子。对于较大的砝码，必要时可使用无粉手套。因为指纹会影响称重结果，降低准确度和精密度。

将砝码放在天平盘的中心，并将重量记录在天平日志中。操作员必须在天平日志上签字，以确认结果在规定的公差范围内。如果未达到公差，则应停止使用天平，并调查原因。在天平恢复使用前，需要对天平进行维护和校准。

清洗

天平和砝码在日常使用中不可避免地会被污染。因此，要获得最准确的结果，就必须谨慎地遵循适当的方法。为了确保结果的准确，制订了以下清洁天平和砝码的方法。

清洁前断电，清洁过程中不要使用任何刺激性或研磨性清洁剂。不允许任何物体进入天平的内部。同时，小心操作托盘，不要触摸托盘脚或托盘与天平接触的地方。用液体清洗托盘时，应将托盘移到天平外部进行清洁，以防止任何液体进入内部电子设备造成损坏。如果有物体进入天平外壳，应立即通知主管，以便采取适当措施防止天平的损坏。

应使用软驼毛刷从托盘上扫下残渣，确保天平盘上没有残留，因为即使是最小的颗粒也会影响读数或腐蚀天平。

如果不能简单地用刷子清洁天平盘，应使用湿润无绒布擦去盘上的污垢和水。

如有必要，可使用 1% 的肥皂溶液帮助清洁称量盘，但必须小心使用。肥皂液必须彻底洗掉。肥皂液会在天平上留下残留，从而影响称重结果。应使用无绒布擦拭托盘上的肥皂液。

对于分析天平，可使用玻璃清洁剂和无绒布擦拭玻璃。玻璃清洁剂应该喷在擦布上，然后再擦拭玻璃，这将防止喷雾造成的任何残留。

应在溶剂罩中用乙醚和无绒布擦拭砝码，直到目测干净且无乙醚残留。

物体的称量

处理危险（包括生物危害物质）材料时，必须穿戴适当的个人防护装备，并且必须立即清理任何溢出物。

称重前应确保要称重的物质恢复至室温，以避免冷凝水影响称重。

待称重的物体不得直接放在天平盘上，应选择最适合的容器。当称量小体积物体或液体时，使用最终的容器作为称量容器，以避免在转移中损失。在将物体放入容器中称重之前，先称出容器的空重量，然后去皮。

在封闭天平中称重的材料必须处于室温，因为温暖的物体可能在箱内产生对流，从而导致称重误差。

完成后，所用设备必须归位，清理天平和周围区域，并完成记录。

不要将重物放在托盘上，否则会损坏内部结构。请勿将样品或砝码长时间放置在天平盘上。

参考文献

European co-operation for accreditation. 2002. EA-04/10 Accreditation for microbiology laboratories EA-04/10 G:2002. Paris，France.

UKAS. 2006. Lab 14 Calibration of weighing machines. UKAS publication ref Lab 14 edition 4，November 2006. Feltham，UK.

Manufacturer's handbook as appropriate.

移液枪的使用

原则和范围

本流程的目的是确保微生物实验室中用于液体准确测量的移液枪的正确使用和校准。

除手持式移液枪（自动移液枪）外，本流程还适用于附在瓶子上的分配器和附在分配装置上的分配器。分配器不需要校准，但应进行检测，以确保其适合使用。

职责

- 实验室分析员。在微生物实验室使用移液枪时，遵循适当的流程和指南。
- 实验室主管 / 主任。确保微生物实验室的实验室分析员能有效地操作和维护移液枪。
- 质量保证主管。确保控制流程可用于移液枪使用、维护和校准，同时进行定期审核以确保合规性。

设备

- 移液枪和枪头。
- 天平，应带有经认证服务代理商出具的有效校准证书。
- 小容量瓶。

试剂

蒸馏水或去离子水，温度在 16 ~ 24℃。

步骤

维修和校准

所有移液枪必须在微生物实验室进行标记，建议在每个移液枪上注明上次校准的时间和下次需要校准的时间。

实验室可选择将移液枪送至第三方校准服务公司进行校准服务，或让第三方在现场进行校准。最好委托提供服务认证的服务代理商。

此外，可选择使用计算机软件包，这些软件包可附在校准天平上并提供移液器的资产登记册在校准到期时可以提示，并指导实验室分析人员完成校准过程。

校准前，应使用无菌水冲洗移液枪除去之前的所有溶液。最佳校准条件包括称量瓶的类型、环境、测试介质和实验室分析员的技术。校准称量瓶应为圆柱形，以保持液体样品表面的恒定。为了尽量减少蒸发，容器应该盖上盖子。移动称量瓶时，使用镊子、手套或无绒布擦拭，以减少指纹。进行测量的房间必须通风良好，天平上没有阳光直射。校准室必须处于正常环境温度（18～22℃），并使移液枪在校准前达到室温。实验室分析员的技术很重要，遵循移液枪的使用手册，并保持称重时间一致。

对于大多数移液枪，测试介质是蒸馏水或去离子水。校准前，有必要将一部分介质放入取样容器中，使其平衡1h。在之后的计算中，必须测量水温，精确至0.1℃。

应准备校准计划来确定校准频率和每个移液枪应校准的体积。应根据移液枪所需的精度进行计划。

用于关键工作的移液枪必须每月至少校准3次。对于使用频率较低的移液枪，每次使用前校准。在大型试验完成后或新仪器到达时，也有必要进行校准。称重必须跨越微生物学实验室中移液枪的使用范围。例如，1 000μL移液枪应在200μL、500μL和1 000μL体积下进行校准。也可以在实验中常用的读数进行校准，例如，如果每天需要进行300μL的测量，则可以在200μL、300μL和1 000μL下校准移液枪。分析员需要根据实验室的需要确定要进行的三次校准体积。如果移液枪仅用在分配特定液体体积，则只需在该体积下进行校准。如果移液枪仅用于填充体积或用于分配非关键体积，则无须校准。这些特殊的移液枪必须贴上标签，以与其他移液枪进行区分。

根据校准期间的测量值确定移液枪规格。如果移液枪不符合要求，则应进行检查，或送至制造商或服务代理商进行重新校准或更换。当移液枪不符合规格时，还必须贴上停用标签。

故障排除

如果不遵循正确的移液流程，例如，枪头与正在使用的移液枪不合适，或者它们没有紧紧地插在移液枪上，则会出现移液量不准确。这些问题可以通过观察移液枪上退枪头按钮的位置来确定。

对于所有移液枪和分配器，轴松动或破裂将影响移取量。

将液体样本重量转换为液体样本体积的Z系数见下表。

水温（℃）	Z 系数（mL/g）
15	1.002
15.5	1.002
16	1.002 1
16.5	1.002 2
17	1.002 3
17.5	1.002 4
18	1.002 5
18.5	1.002 6
19	1.002 7
19.5	1.002 8
20	1.002 9
20.5	1.003
21	1.003 1
21.5	1.003 2
22	1.003 3
22.5	1.003 4
23	1.003 5
23.5	1.003 6
24	1.003 7
24.5	1.003 8
25	1.003 9
25.5	1.004
26	1.004 1
26.5	1.004 2
27	1.004 3
27.5	1.004 4
28	1.004 5
28.5	1.004 6
29	1.004 7

移液枪内部构造的任何问题应咨询适当的移液枪服务和代理商。

如果样品溅入移液枪，移液体积也会变得不准确。

移液枪的保养

移液枪必须直立存放，不要直接放在工作台上。如果使用腐蚀性或大容量液体，请使用适当的过滤器。

参考文献

BS 1132:1987. Specification for automatic pipettes. BSI，London，UK.

European co-operation for accreditation. 2002. EA-04/10 Accreditation for microbiology laboratories EA-04/10 G:2002. Paris，France.

ISO 8655-1:2002. Piston operated volumetric apparatus. Terminology，general requirements and user reccomendations. Geneva，Switzerland.

ISO 8655-2:2002. Piston operated volumetric apparatus. Piston pipettes. Geneva，Switzerland.

ISO 8655-5:2002. Piston operated volumetric apparatus. Dispensers. Geneva，Switzerland.

ISO 8655-6:2002. Piston operated volumetric apparatus. Gravimetric methods for the determination of measurement error. Geneva，Switzerland.

UKAS. 2009. LAB 15 Traceability: Volumetric apparatus. UKAS publication ref Lab 15 edition 2，June 2009. Feltham，UK.

Manufacturer′s handbook as appropriate.

pH计的使用

原则和范围

本流程旨在描述微生物实验室中 pH 计的正确使用、校准和维护。微生物学中的 pH 计在制备微生物培养基时是必不可少的。

职责

- 实验室分析员。在微生物实验室使用 pH 计时，遵循适当的流程和指南。
- 实验室主管 / 主任。确保实验分析员能有效地操作和维护 pH 计。
- 质量保证主管。确保控制流程可用于 pH 计的使用、维护和校准，同时进行定期审核以确保合规性。

设备

- pH 计。
- 电极（如果要测试固体培养基，则使用专用电极）。
- 烧杯。
- 容量瓶。

试剂

- 蒸馏水或去离子水。
- pH 缓冲液 4.00 ± 0.2。
- pH 缓冲液 7.00 ± 0.2。
- pH 缓冲液 10.00 ± 0.2。

步骤

- 所有 pH 计均应有唯一标识，建议在每个 pH 计上注明上次校准时间和下次校准到期时间。
- 电极应储存在制造商推荐的液体中或 pH 值为 7 ± 0.2 的缓冲液中。使用前，取下电极并用蒸馏水或去离子水冲洗。
- 将电极置于 pH 值为 7 的缓冲液中，读数并记录，用去离子水冲洗电极。

- 对 pH 值为 4 的缓冲液和 pH 值为 10 的缓冲液重复上述操作（视情况而定，或除非对特定型号另有规定），用去离子水冲洗电极。
- 如果缓冲液的读数不准确，请参阅使用手册，并进行相应调整，以确保所有缓冲液的读数准确（考虑到电极老化，有些型号包括曲线斜率调整）。
- 在适当的质量控制日志中记录结果。
- 记录试验液体或培养基的 pH 值，测试前后在蒸馏水或去离子水中冲洗电极。
- 冲洗电极并浸泡到缓冲液中。
- 如果要测试固体培养基的 pH 值，应为此购买专用的 pH 计探头。应检查微生物培养基在使用温度下的 pH 值，因为温度会影响 pH 值。

质量控制

外部能力验证计划通常包括 pH 值分布。应考虑参与此类 EQA 计划。

参考文献

European co-operation for accreditation. 2002. EA-04/10 Accreditation for microbiology laboratories EA-04/10 G:2002. Paris，France.

Manufacturer’s handbook as appropriate.

微生物实验室用水

原则与范围

纯化水在微生物实验室中必不可少，可通过蒸馏、离子交换处理、反渗透（RO）或其他方法获得。

本流程适用于微生物实验室制备微生物培养基和试剂、清洗玻璃器皿或与样品接触的所有用水。

职责

- 实验室分析员。确保微生物培养基和试剂的制备仅使用实验室用水。
- 实验室主管 / 主任。确保设备可用，为微生物实验室提供充足的纯化水，或购买合适的纯化水以备使用。
- 质量保证主管。确定使用的流程是否合适，同时进行定期审核以确保合规性。

设备

微生物实验室提供实验室用水有多种工艺，所需设备取决于所用工艺。大多数微生物实验室使用专用的设备生产实验室用水，设备只需实验室工作人员进行少量维护。

净化的实验室用水是经过物理处理以去除杂质的水。实验室水净化常用的方法有很多种，蒸馏水和去离子水是最常见的纯净水形式。

蒸馏是将水煮沸，然后将蒸汽冷凝到一个干净的容器中，留下固体物。本方法可产生非常纯净的水，不过需要经常清洁仪器。去离子是将自来水穿过离子交换树脂以除去矿物质杂质的过程。水中的离子与树脂中的离子交换，用酸碱中和正负离子。去离子是快速直接的方法，但需要特殊的阴离子树脂来去除水中的有机分子，如细菌。

实验室用水也可以通过其他净化工艺生产。这些包括反渗透（RO）、碳过滤、微孔过滤、超滤、紫外线氧化或电渗析。

步骤

商用设备可供应蒸馏水、去离子水、反渗透水等，由专业人员安装。设备应由制造商说明书中规定的经过适当培训的人员操作。设备通常会有其状态的显示或指示，应对此进行监控，以确保设备正常运行。任何此类设备应按照制造商的规定进行维修和维护。

一些供应商也可以提供现成的实验室用水。

质量控制

去离子器和反渗透（RO）装置应每周检查电导率，或视情况每月检查微生物污染情况。

参考文献

European co-operation for accreditation. 2002. EA-04/10 Accreditation for microbiology laboratories EA-04/10 G:2002. Paris，France.

Manufacturer's handbook as appropriate.

微生物实验室玻璃器皿的使用

原则和范围

本流程描述了微生物实验室中玻璃器皿的使用和清洁方法。破碎的、有缺口的或蚀刻的玻璃器皿用吹玻璃机修理或丢弃在指定废物容器中。用于制备微生物培养基的玻璃器皿必须去除所有抑菌或杀菌物质。一次性无菌器具，如培养皿和移液枪头，在实验室使用前必须有制造商出具的无菌证书。

本标准操作流程适用于微生物实验室培养基、试剂或样品制备过程中使用的所有实验室玻璃器皿。同样的流程也适用于可以清洗和重复使用的塑料制品。

职责

- 实验室分析员。按照标准流程清洁和使用实验室玻璃器皿。
- 实验室主管 / 主任。确保有适当的流程可用。
- 质量保证主管。确定使用的流程是否合适。

试剂

- 实验室清洁剂（DeSCAL、Contrad NF、Dri Contrad 或类似产品）。
- 蒸馏水或去离子水。

设备

- 实验室玻璃器皿清洗机。
- 去离子水净化系统（或类似系统）。
- 75℃和 110℃的恒温干燥箱。

步骤

玻璃量具分类

容量型玻璃器皿可以量取所需的液体体积。每种类型可以根据是单个量程还是多个量程而进一步划分。

大多数可测体积的玻璃器皿（量筒除外）在市场上有两个等级，即 A 级和 B 级。这两个等级之间的区别主要基于相关标准中规定的玻璃器皿标称体积的公差极限。通常，对于给定的体积，B 级公差为 A 级的 2 倍。微生物学实验室中使用的玻璃器皿通常不需要为 A 级。但是，实验室必须确保拥有适合所进行试验的正确等级的玻璃器皿，并且 A 级玻璃器皿应配有校准证书。

市售玻璃器皿由钠铝玻璃或硼硅酸盐玻璃制成。硼硅酸盐玻璃通常通过标记来区分，可以是制造商的商标，也可以是“B”“boro”或“硼硅酸盐”等标记。

每个器皿应配有采购地国家或国际标准标记。这可能包括以下内容。

- 公差。A 级或 B 级（不适用于自动移液枪）。
- 体积。允许使用毫升或立方厘米作为体积单位。
- 参考温度。即校准温度，通常为 20℃（热带国家为 27℃）。
- 标识号。所有 A 级玻璃器皿都应带有永久性标识号。

实验室玻璃器皿的清洗

- 含有生物危害物质的玻璃器皿。
- 对于任何感染性的材料，应该先灭菌再进行清洗和消毒。
- 用丙酮除去玻璃器皿上的标记。
- 清除任何固体残留。
- 用自来水彻底冲洗，确保玻璃器皿上没有任何可能引起堵塞的残留。如果玻璃器皿有污渍残留，需要使用合适的清洁剂（可能需要合适的刷子）。
- 装入清洗机，加满水冲洗约 3min，然后加入 350mL 清洁剂（DRI-CONTRAD 等），开始清洗。
- 清洗完成后，待玻璃器皿冷却，并将其放入烘箱中。
- 玻璃器皿应置于 110℃烘箱中干燥，塑料器皿应置于 75℃烘箱中干燥。装有橡胶密封件的玻璃器皿应在 75℃烘箱中干燥。
- 如果玻璃器皿太大，无法在清洗机中清洗，应首先将其浸泡在 10% 的洗涤剂（Contrad NF 等）浴槽中。

玻璃管的清洗

- 先在浴槽中加入 13.5L 的水，然后再加入 1.5L 的洗涤剂。配制含 10% 洗涤剂（DeSCAL 或类似溶液）的清洗液。
- 确保玻璃管完全浸没在浴槽中，并让其浸泡至少 2h。
- 小心地从浴槽中取出玻璃管，不要将清洗液溅到身上。
- 用蒸馏水或去离子水冲洗玻璃管至少 3 次。
- 将玻璃管置于 110℃烘箱中干燥。

容量瓶

注意不要过多地加热，因为这可能会使容量瓶校准体积无效，如果过多地加热使用，则应使用已称重的水进行复查。

参考文献

European co-operation for accreditation. 2002. EA-04/10 Accreditation for microbiology laboratories EA-04/10 G:2002. Paris，France.

UKAS. 2009. LAB 15 Traceability: Volumetric apparatus. UKAS publication Lab 15 edition 2，June 2009. Feltham，UK.

第三部分

微生物试验流程

引　言

通过评估动物饲料中是否存在细菌、酵母菌、霉菌和暗色孢科病原菌，可对饲料质量进行评估，以确定其适用性。

应避免给动物饲喂含有有害微生物或变质的饲料。动物饲料中微生物的繁殖会导致营养成分的损失和副产物的产生，从而降低饲料利用效率。动物饲料中微生物的存在也可能降低饲料适口性，导致家畜必需营养素摄入量减少。

动物饲料中有害微生物的存在会损害动物健康，人们摄入被感染动物的肉、奶或蛋产品也会对其健康造成危害。健康的人或动物接触受感染动物也有被感染的风险。

动物饲料应处于“良好状态”。这意味着动物饲料不应含有有害微生物，因其可能会对动物或摄入动物产品的人类造成危害。但需要指出的是，许多动物饲料会含有天然微生物或储存过程中产生微生物（如青贮饲料）。

一些微生物添加进动物饲料会对动物产生有益效果，这类微生物被称为益生菌，可以促进动物健康，提高采食量。动物饲料实验室可能需要检测这些有益微生物。

动物饲料由于其原料组成，为微生物的生长提供了有利的环境。这些微生物可能是腐生的、致病的、条件致病性或产毒的，它们的生长取决于许多因素，包括水分、pH 值、温度、饲料类型、好氧或厌氧条件、饲料的化学性质、储存条件和环境因素等。

微生物污染可能发生在饲料加工、储存、运输过程中，也可能发生在原料生长或收获的过程中。污染通常会导致疾病的传播，因此建议对动物饲料微生物安全性进行监测。

动物饲料实验室应对饲料中微生物的“细菌数”进行测定，这些微生物被视为污染动物饲料的指示微生物。还应确定用于生产动物饲料的产品中是否存在特定细菌、酵母、真菌、寄生虫或其他物质。

健全的、经过验证的标准操作流程对于获得可靠的实验结果至关重要。稳健的内部质量控制流程应与熟练的外部方案相结合，从而给客户提供可靠的结果报告。

以下流程由动物饲料实验室和参考实验室使用经过验证的流程编制而成，并已被证明是可靠的，但也可以使用本手册中介绍的其他方法或修正的方法。

动物饲料中肠杆菌科的分离与计数

原则和范围

使用适当的选择性培养基对样品进行培养，以检测并计数样本中的肠杆菌科细菌。大肠杆菌是肠杆菌类微生物的标记微生物，因此需对所有肠杆菌科进行计数，并将其鉴定为大肠杆菌或肠杆菌科的其他属。

本流程适用于微生物实验室待测饲料样品中肠杆菌科的检测和计数。肠杆菌科细菌可在紫红色胆汁葡萄糖琼脂上形成特征性菌落，其可发酵葡萄糖，氧化酶呈阴性。

但动物饲料中沙门氏菌和大肠杆菌 O157 分离和检测需要遵循特定流程。

职责

- 实验室分析员。确保用于检测的所有样品按照本标准操作流程的规定进行处理，遵守所有质量保证要求并保持样品完整性。所有实验室分析员必须经过培训且遵循操作流程，并将其记录在培训文件中。
- 实验室主管 / 主任。确保所有员工已经接受了适当的培训并且具备能力来完成本流程，并通过使之参加适当的测试来确保其能力水平。
- 质量保证主管。对实验室操作流程进行定期审核，确保实验室所有人员遵守和执行适当的标准操作流程。

设备

- 校准天平。
- 培养箱［（37 ± 1）℃］。
- 2 ~ 8℃冰箱（用于样品储存）。
- 水浴锅［（47 ± 1）℃］。
- 移液器（200 ~ 1 000μL 和 50 ~ 200μL，带无菌过滤枪头）。
- 无菌勺或刮刀。
- 90mm 无菌培养皿。

试剂

使用的所有微生物培养基都是根据制造商的说明进行配制或购买已经配制好的。

- 蛋白胨缓冲液（BPW）。
- 紫红色胆汁葡萄糖琼脂（VRBGA）。
- 蛋白胨生理盐水。
- 参考大肠杆菌菌株（如 NCTC 或 ATCC）。
- 营养琼脂平板。
- 葡萄糖发酵试剂（葡萄糖琼脂或市售试剂盒）。
- 氧化酶检测试剂（或商用试剂盒）。
- 商用细菌鉴定试验（如 API ™等）。

流程

样品处理

样品检测应在收到样品当天，或者能够按照流程完成该实验的第一个工作日开始。

如果未在收到样品当天开始检测，则应将样品保存在 2 ~ 8℃或者保存在能保持其完整性的条件下直到检测开始。如果样品在冷藏状态，应在测试开始前将样品从冰箱中取出，并在室温下保存至少 1h。

第一天

在进行取样之前，必须使用无菌勺或搅拌棒充分混匀样品。1mL 液体样品可直接添加到 90mm 无菌培养皿中（做两个重复），无须蛋白胨缓冲液。

每份待测样品在无菌条件下称取 10g。

对每一份待测样品进行无菌称重。

将 10g 待测样加入 90mL 蛋白胨缓冲液中，充分混合，直至均匀悬浮。

如果样品是液体，则进行 10 倍稀释，否则将其初步悬浮在蛋白胨生理盐水稀释液中。

从每个样品中无菌取出 1mL，并转移到 90mm 无菌培养皿中（一式两份）。从 10 倍稀释的样品中吸取 1mL，并转移到 90mm 无菌培养皿中（一式两份）。在添加样品之前，培养皿必须在底上进行适当的标识。

向每个培养皿中加入 15mL 温度为 44 ~ 47℃的紫红色胆汁葡萄糖琼脂，并立即水平晃动混匀。将培养皿放置在桌面上，直到琼脂冷却凝固。

琼脂凝固后，在每个平板上再覆盖 10mL 温度为 44 ~ 47℃的紫红色胆汁葡萄糖琼脂，以防止扩散生长并达到半厌氧条件。

当覆盖层凝固后，将平板倒置，并在（37 ± 1）℃下有氧培养（24 ± 2）h。

第二天

检查阴性对照板是否无菌。如果阴性对照板有菌生长，则该试验失败。

对每组重复平板进行肠杆菌科菌落特征性检查（红色 / 紫色菌落，有无沉淀晕，直径 1 ~ 2mm）。选择一对菌落数在 15 ~ 150 个的平板进行计数。对每个平板上的所有特征菌落进行计数，并计算重复平板的菌落数平均值。

如果观察到特征菌落，则应将 5 个典型单菌落传代至营养琼脂平板上进行进一步鉴定。营养琼脂平板在（37 ± 1）℃温度下培养（24 ± 2）h。

如果超过一半的培养基表面被污染，则该试验失败。如果不到一半的培养基表面受到污染，则可对未污染部分的菌落进行计数，并推算出与培养基总表面积相对应的菌落数。

某些肠杆菌科细菌可能导致培养基脱色。如果没有特征菌落存在，应选择 5 个白色菌落进行试验确认。

第三天

对营养琼脂培养的菌株进行氧化酶和葡萄糖发酵试验。氧化酶阴性且葡萄糖发酵阳性的菌株被认为是肠杆菌科。

如有需要，可以通过合适的实验室检测或商用试剂盒对所有不同形态和类型的菌落进行继代培养和鉴定。

质量控制

检测开始后每天都要进行阳性和阴性对照试验。

将 0.5 的马克法兰浊度标准的大肠杆菌悬液在无菌蒸馏水中通过连续 10 倍稀释至 10^{-4}。将 1mL 稀释后悬浮液加入 90mL 蛋白胨缓冲液中，作为阳性对照。

将上述悬浮液（100μL）接种并均匀涂布在营养琼脂平板上，进行培养并作为对照计数。

在 90mL 的缓冲蛋白胨水中加入 10g 高压灭菌后的样品（已知不含肠杆菌科细菌），并作为样品处理，为阴性对照。

将 1mL 阳性对照悬浮液加入到 90mL 蛋白胨缓冲液中，作为阳性对照并进行回收率验证。当成功地检测到适当数量的大肠杆菌时，在以后的试验中只需要对培养基进行质量控制。

计数和结果表示

- 选择一对小于 150 个特征菌落的平板，对这些菌落进行计数。
- 对每个平板菌落计数并计算平均值。
- 每毫升或每克样品的菌落形成单位数（CFU）用以下计算方法表示：

（确认的菌落数 / 试验菌落数）× [菌落计数 /（测试体积 × 稀释倍数）]

- 结果表示为每毫升或每克样品中肠杆菌科细菌的数量。
- 如果没有菌落计数，结果应表示为 <10CFU/g 或 <10CFU/mL。
- 如果计数在 10 ~ 99CFU，则表示为 x CFU/g 或 x CFU/mL，其中 x 是计数。
- 如果计数大于 100CFU，则通过科学什数法表示，四舍五入计数。

如：1 966CFU/g 表示为 1.9×10^3CFU/g, 723 000CFU/g 表示为 7.2×10^5CFU/g。

参考文献

Edel，W. & Kampelmacher，E.H. 1973. Bulletin of World Health Organisation，41: 297–306，World Health Organisation Distribution and Sales，Ch-1211，Geneva 27，Swit-zerland（ISSN 0042-9686）.

ISO 21528-2:2004. Microbiology of food and animal feeding stuffs-Horizontal methods for the detection and enumeration of Enterobacteriaceae Part 2:Colony-count method. Geneva，Switzerland.

ISO 7218:2007. Microbiology of food and animal feeding stuffs-general requirements and guidance for microbiological examination. Geneva，Switzerland.

动物饲料中大肠杆菌O157的分离与鉴定

原则与范围

大肠杆菌 O157 是大肠杆菌中的一种产毒菌株，会通过被粪便污染的动物产品对人类健康构成严重威胁。动物饲料中存在的大肠杆菌 O157 会感染先前未感染的动物，被感染的动物可能表现出较轻的症状或无症状。

在山梨糖醇麦康基琼脂（SMAC）或添加头孢克肟和碲酸盐山梨醇麦康基琼脂上，大肠杆菌 O157 会产生无色、直径为 2 ~ 3mm 的菌落，这些菌落可通过商业检测试剂盒进行确认。

本流程适用于微生物实验室待测饲料样品中大肠杆菌 O157 的检测。该流程设计用于使用免疫磁珠分离技术检测 1g 样本中的大肠杆菌 O157。

职责

- 实验室分析员。确保用于检测的所有样品按照本标准操作流程的规定进行处理，遵守所有质量保证要求并保持样品完整性。所有实验室分析员必须经过培训，且能够胜任所遵循的流程，并将其记录在培训文件中。
- 实验室主管 / 主任。确保所有员工已经接受了适当的培训并且具备能力来完成本流程，并通过参加适当的测试来确保能力水平。
- 质量保证主管。在实验室对本流程进行定期审核，确保有适当的标准操作流程可用并监督所有人员遵守执行。

健康与安全

产高毒性毒素大肠杆菌是 CL3 类致病微生物。所有分离和鉴定工作应由经过适当培训的实验员在 CL3 实验室内进行。产高毒性毒素大肠杆菌，包括大肠杆菌 O157，具有高度感染性，可导致严重的获得性感染，感染所需剂量低。

设备

- 校准天平。

- 培养箱［（37 ± 1）℃］。
- 2 ~ 8℃的冰箱（用于样品储存）。
- 移液器和无菌枪头。
- 无菌接种环（10μL 和 1μL）。
- 90mm 无菌培养皿。
- 旋转搅拌器。
- 磁珠分析仪。
- 1.5mL 螺旋盖式离心管（Eppendorf 或其他品牌），适用于所用的磁珠分析仪。

试剂

- 所有微生物培养基都是根据说明进行配制或购买预先配制好的。
- 蛋白胨缓冲液。
- 涂有抗大肠杆菌 O157 抗体的顺磁珠（Dynal 710.04 等）。
- 无菌磷酸盐缓冲盐液（10 mM PBS，pH 值 7.4），含 0.05%（v/v）吐温 20。
- 山梨醇麦康基琼脂，添加头孢克肟（0.05mg/L）、碲酸盐（2.5mg/L）、变色琼脂（默克 1.10426 等）和麦康基琼脂。
- 大肠杆菌 O157 乳胶（胰蛋白胨 DRO620 等）。
- 无毒阳性对照大肠杆菌 O157 株（NCTC 10418 等）。

流程

样品处理

样品检测应在收到样品当天开始，或者能够按照流程完成该实验的第一个工作日开始。

如果未在收到样品当天开始检测，则应将样品保存在 2 ~ 8℃或者保存在能保持其完整性的条件下直到检测开始。如果样品在冷藏状态，应在检测开始前将样品从冰箱中取出，并在室温下保存至少 1h。

- 将 25g 待测样品加入到 225mL 蛋白胨缓冲液中混匀，（37 ± 1）℃孵育 6h。孵育后的蛋白胨缓冲液可以在 2 ~ 8℃保存过夜，但在开始后续操作前必须将其放至室温。
- 对于每个样品，分别标记 1.5mL 离心管并添加 20μL 大肠杆菌 O157 顺磁珠。
- 将 1mL 浓缩肉汤转移到已标记的试管中，注意不要震荡沉淀物。
- 确保每个试管盖牢固，并通过颠倒的方式混合磁珠和肉汤，直到磁珠悬浮。
- 将离心管固定在旋转式混合器上，并在室温下混合 30min。
- 将每个离心管放置在磁珠分析仪中，室温下保持 3 ~ 5min。

- 轻轻旋转机架 3 次，使磁珠集中在磁铁侧的管壁。
- 使用无菌巴氏管将离心管中所有的液体弃掉，留下磁珠，瓶盖中的任何液体也应弃掉。
- 对所有样品进行上述操作后，取下仪器上的磁铁，用不同的移液管分别向每个离心管中添加 1mL PBS-T。轻轻地将机架反转 4 ~ 5 次，以重悬磁珠。
- 装上磁铁，静置 3min。
- 重复洗涤步骤 2 次以上。
- 轻轻旋转机架 3 次，使磁珠集中在磁铁处的管壁。
- 使用无菌巴式管将离心管中所有的液体弃掉，留下磁珠。瓶盖中的液体也应弃掉。
- 用约 50μL 无菌磷酸盐缓冲液重悬磁珠。
- 将磁珠悬浮液接种到含头孢克肟和碲酸盐的山梨醇麦康基琼脂上，如下图所示，并在（37 ± 1）℃下培养 18 ~ 24h。

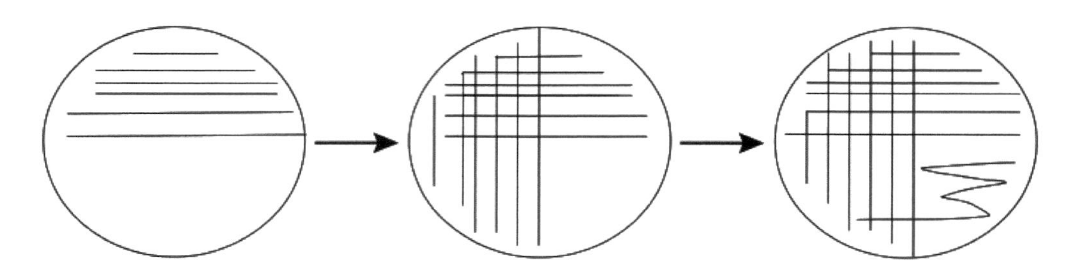

平板法检查大肠杆菌 O157 典型的非山梨醇发酵菌落。将代表性菌落传代至标记好的变色琼脂或麦康凯琼脂平板，并在（37 ± 1）℃下培养过夜。大肠杆菌 O157 普遍缺乏 β-D-葡萄糖醛酸酶，在变色琼脂培养基上呈红色或粉红色菌落，在麦康凯琼脂培养基上呈粉红色菌落。其他大肠杆菌呈深蓝色或紫色菌落。

可疑菌落确认

按照说明书使用乳胶凝集法确定可疑菌落为大肠杆菌 O157。将可疑菌落乳化到一滴大肠杆菌 O157 乳胶试剂中，前后摇晃玻片，检查凝集情况。1min 内凝集的则是大肠杆菌 O157，剩下的菌落用无菌接种环接种至麦康凯培养基上，（37 ± 1）℃下培养 18 ~ 24h。

大肠杆菌 O157 分型可依据适当的参考实验室划分。

也可用自动化 IMS 回收系统（如翠鸟 ML 磁珠自动回收系统），应遵循适当的制造商的说明。

质量控制

培养基质量控制

预先配好的培养基可由供应商提供，并提供质量控制证明。如果要在实验室配制，应进行适当的质量控制。每批次取一块平板接种适当的参考菌株（如NCTC 或 ATCC），以检查增强、指示和抑制情况。在内部质量检查完成之前，不得使用该批次培养基。

IMS质量控制

每批试验都应包括阳性和阴性对照。阳性对照中出现阴性结果则本批次试验无效，需要对不合格批次进行调查和重新试验。如果所有其他的对照都合格，这表明磁珠并没有捕获到微生物。这可以通过直接在含头孢克肟和碲酸盐的山梨醇麦康基琼脂上培养含有阳性对照菌的磷酸盐缓冲盐液来确认。

乳胶凝集质量控制

使用大肠杆菌 O157 阳性对照和参考大肠杆菌菌株（如 NCTC 或 ATCC）作为阴性对照进行乳胶凝集试验。试剂盒配有阴性和阳性乳胶。

新批次免疫磁珠的质量控制

进行重复试验，将新批次的 IMS 珠与正在使用的批次进行重复比较检测。

EQA

建议定期参加适当的经认可的外部能力验证计划。

报告结果

结果应报告为“检出大肠杆菌 O157”或“未检出大肠杆菌 O157”。

参考文献

HPA. 2011. UK standards for microbiology investigations: Identification of *Escherichia coli O157*. HPA Bacteriology identification ID 22 Issue No 3.1, October 2011. London, UK.

动物饲料中沙门氏菌的分离

原则和范围

沙门氏菌是一种发现于动物肠道中的单一菌种。可感染动物和人类，被动物粪便污染的食品原料是感染传播的重要媒介。由于粪便污染，动物饲料是沙门氏菌的重要传染源（特别是含有血粉、骨粉、鱼粉或富含蛋白质的植物源性饲料，如油籽粕）。世界的某些地区，家禽的粪便被当作反刍动物的饲料，沙门氏菌也可以通过牧场上的粪料或肥料传播。沙门氏菌在动物饲料中的存在可能会感染健康动物。

本流程适用于微生物实验室待测饲料样品中沙门氏菌的检测。

根据白考夫曼－莱米诺方案，沙门氏菌的分类和血清型已鉴定，该方案目前有 2 600 多种血清型。初级细分为“O”血清型（这些血清型共享一个菌体抗原），然后根据“H”（鞭毛）抗原进行细分。少数物种，特别是伤寒沙门氏菌，可能产生一种荚膜“Vi”抗原，其与“Vi”抗血清凝集，可能掩盖“O”血清型。

职责

- 实验室分析员。确保用于检测的所有样品按照本标准操作流程的规定进行处理，遵守所有质量保证要求并保持样品完整性。所有实验室分析员必须经过培训，能够胜任所遵循的流程，并将其记录在培训文件中。
- 实验室主管 / 主任。确保所有员工已经接受了适当的培训且具备能力来完成本流程，并使之参加适当的测试来确保能力水平。
- 质量保证主管。在实验室对本流程进行定期审核，确保有适当的标准操作流程可用并监督所有人员遵守执行。

健康与安全

沙门氏菌病是人畜共患病，会导致严重甚至致命性的疾病。大多数沙门氏菌属于生物防控二级病原微生物，但也有例外（伤寒沙门氏菌和甲型副伤寒沙门氏菌 A、甲型副伤寒沙门氏菌 B 和甲型副伤寒沙门氏菌 C）。沙门氏菌所有隔离和鉴定工作应在适当的二级或三级防护实验室中进行，避免气溶胶形成和进入，由经过适当培训的员工进行。

设备

- 校准天平。
- 培养箱［（37±1）℃］。
- 培养箱［（41.5±1）℃］。
- 2～8℃冰箱（用于样品储存）。
- 无菌接种环（10μL 和 1μL）。
- 90mm 无菌培养皿。
- 载玻片。

试剂

所有使用的微生物培养基都是按照制造商的说明进行配制或是购买预先配制好的。

- 蛋白胨缓冲液。
- 氯化镁孔雀绿增菌肉汤。
- 穆勒－考夫曼 T－四硫氰酸钠－新生霉素肉汤。
- 木糖赖氨酸脱氧胆酸培养基。
- 另一种适合沙门氏菌生长的固体选择性培养基[①]。
- 营养琼脂。
- 沙门氏菌单价和多价凝集抗血清（按要求）。
- 商业微生物鉴定系统（如 API ™等）。
- 合适的沙门氏菌参考菌株（如 NCTC 或 ATCC）作为阳性对照。
- 生理盐水。

流程

样品处理

样品检测应在收到样品当天，或者能够按照流程完成该实验的第一个工作日开始。

如果未在收到样品当天开始检测，则应将样品保存在 2～8℃或者保存在能保持其完整性的条件下直到检测开始。如果样品在冷藏状态，应在检测开始前将样品从冰箱中取出，并在室温下保存至少 1h。

---

① 建议使用具有不同于木糖赖氨酸脱氧胆酸琼脂培养基（产生H_2S，黑色菌落）的选择性培养基，例如，BPLS（Oxoid CM329）、Rambach琼脂（Merck 1.07500）、chromID Salmonella（bioMérieux 43291）等。

第一天

- 无菌称量每个饲料样品各 5 份，每份（25 ± 0.2）g［若为液体样品则为（25 ± 0.2）mL］，并添加到 225mL 蛋白胨缓冲液中。将蛋白胨缓冲液作为阴性对照，将适当的标准菌株（例如 NCTC、ATCC）作为阳性对照。样品与蛋白胨缓冲液的最终比例应为 1 ∶ 10，如果样品不足，可进行调整，若出现这种情况，应在给客户的最终报告中注明。
- 当使用轻质动物饲料（如干草）或膨化的饲料（如种子产品）时，可根据需要减少样品量（例如减少至 10g）。
- 对于酸性或酸化饲料（如青贮饲料），可使用蛋白胨双缓冲液，以确保 pH 值不低于 4.5。
- 在（37 ± 1）℃下培养（18 ± 2）h。

第二天

- 从每个蛋白胨缓冲液等分样中无菌操作取出 100μL，并接种到 10mL 氯化镁孔雀绿增菌肉汤中。
- 不要振荡蛋白胨缓冲液，应从表面或靠近表面的区域取 100μL，远离任何漂浮碎屑。
- （41.5 ± 1）℃培养 24h。
- 从每个蛋白胨缓冲液等分样中无菌操作取出 1 000μL，并接种到 10mL 穆勒－考夫曼 T- 四硫氰酸钠－新生霉素肉汤中。
- 不要振荡蛋白胨缓冲液，应从表面或靠近表面的区域取 1 000μL，远离任何漂浮碎屑。
- 将穆勒－考夫曼 T- 四硫氰酸钠－新生霉素肉汤在（37 ± 1）℃下培养（24 ± 3）h。

第三天

- 使用微生物接种环将培养后的氯化镁孔雀绿增菌肉汤和穆勒－考夫曼 T- 四硫氰酸钠－新生霉素肉汤 10μL 分别接种到 4 个选择性平板上。其中两个平板应为木糖赖氨酸脱氧胆酸盐培养基。另外两个为适当的选择性固体培养基，是对木糖赖氨酸脱氧胆酸培养基的补充。每对平板应视为独立，且接种环不应在每个平板之间连续使用。
- 在（37 ± 1）℃下培养（24 ± 3）h。
- 如果在（37 ± 1）℃温度下培养（24 ± 3）h 后，平板呈阴性，或只有非常小的菌落，则在（37 ± 1）℃下再培养（24 ± 3）h。

第四天［如果培养板在第三天再培养（24 ± 3）h，则为第五天］

- 检查平板，从每个培养皿中至少挑取 3 个疑似沙门氏菌的菌落到营养琼脂中，并在（37 ± 1）℃下培养过夜。沙门氏菌通常会产生中心呈黑色（由于产生 H_2S）和略带红色的透明菌落，无论是否发黑，乳糖发酵试验呈阳性的菌株都会产生黄色菌落。一些血清型如甲型副伤寒沙门氏菌或桑夫顿堡沙门氏菌为 H_2S 阴性，不会产生黑色菌落。

注：选择性培养皿中可能含有少数存活但生长受抑制的污染菌落，这些微生物在可继代培养过程中生长并引起错误的生化反应。

第五天［如果培养板在第四天再培养（24 ± 3）h，则为第六天］

- 如果隔夜培养后平板上生长出单一菌落，则使用商业微生物鉴定系统（如 API）对可疑菌落进行鉴定，来确定沙门氏菌的生化特性。
- 按照制造商的说明，用抗血清进行凝集试验。将培养在营养琼脂上的单个、分离良好的菌落与玻片上的抗血清进行乳化，来观察抗血清反应。“O”型抗血清在玻片上产生颗粒凝集反应。“H”型抗血清在玻片上产生絮凝物凝集。“Vi”型抗原的存在可能掩盖“O”型抗原，导致细菌不凝集“O”型抗血清。
- 通过将培养在营养琼脂上的单个、分离良好的菌落乳化在一滴生理盐水（0.85% NaCl）中，检查自身凝集情况，并观察是否有颗粒形成。自身凝集呈阳性的菌株不能进行血清分型。
- 血清学鉴定较为复杂，可以使用含有多价抗血清（如 OMA 和 OMB）进行。如果一个反应呈阳性结果，那么可以用该混合的多价抗血清成分进行检测。
- 通常情况下，使用有限范围的“O”型抗血清将沙门氏菌鉴定为“B”“C”“D”“E”或“G”组就足够了，可以由参考实验室进行进一步血清分型。
- 如果平板上生长出多种菌落，则应重复生化测试，再将纯化平板上的沙门氏菌菌落进行凝集试验。
- 对第二组接种的胆汁葡萄糖琼脂平板进行检查，并遵循相同的流程。
- 如果两组胆汁葡萄糖琼脂板没有（或疑似没有）菌落生长，可以报告结果并发布最终报告。

第六天

- 读取微生物鉴定系统（例如 API™ 等）报告，并在生化结果证实沙门氏菌属的情况下进行报告。

- 可能需要安排沙门氏菌分离株送往参考实验室进行确认和进一步鉴定，或报告用作疾病监测。

报告结果

应按以下方式报告结果。

- 如果样品中没有分离出沙门氏菌，则为“未检测到沙门氏菌（使用25g样品）”。
- 如果从样品中分离出沙门氏菌，则为“检测出沙门氏菌（使用25g样品）”。如果已知血清分型，也应报告。

与所用流程的不同之处（例如使用较小的样品重量）也应报告给客户。

质量控制

应定期在营养琼脂上培养合适参考菌株，以确保沙门氏菌凝集血清的有效性。

所有培养基均应使用合适的参考菌株（如NCTC或ATCC）进行控制。

为控制MSRV培养基，应在10^4CFU/0.1mL浓度接种适当的沙门氏菌参考菌株作为阳性对照，并以10^5～10^6CFU/0.1mL接种适当的非靶生物菌株（例如大肠杆菌或粪肠球菌）。

变异沙门氏菌属

沙门氏菌有几种血清型，这些血清型在表型上不属于该属的其他成员。其中许多只适应特定动物物种，可能不会在常规使用的沙门氏菌选择性肉汤和琼脂培养基中生长，只在选择性较低的分离培养基（如麦康凯琼脂）上生长。此外，这些血清型常常被排除在商业试剂盒制造商提供的数据库之外。如果将这些血清型培养和鉴定成功，对于这些非典型性状沙门氏菌的认识是非常重要的。

以下列出了一些具有兽医学临床意义的非典型沙门氏菌血清型。

- 猪霍乱沙门氏菌（*S. choleraesuis*，自然宿主为猪）。
- 鸡白痢沙门氏菌（*S. pullorum*，自然寄主为家禽）。
- 禽伤寒沙门氏菌（*S. gallinarum*，自然宿主为家禽）。
- 绵羊流产沙门氏菌（*S. abortusovis*，从绵羊和山羊流产样品中分离）。
- 亚利桑那沙门氏菌（*S. arizonae*，从冷血动物样品中分离）。

使用有限范围的“O”型抗血清将未知沙门氏菌血清分型至组水平。

如果使用另一种抗OMA和OMB抗体成分的多价抗血清，则必须适当改变下表步骤2和步骤3。

“O”抗原的检测步骤如下表。

步骤	处理	抗原选择	抗原选择
步骤 1 “O”抗原	使用多价抗血	1.1 OMA 若呈阳性：至 2.1.1 若呈阴性：至 1.2	1.2 OMB 若呈阳性：至 2.2.1 若为阴性 *
步骤 2 “O”抗原	使用群特异性抗血清并分配给一个血清群	2.1.1 O4、O5 抗原或 B 群 若呈阳性：至 3.1.1 若呈阴性：至 2.1.2 2.1.2 O9 抗原或 D 群 若呈阳性：至 3.1.2 若呈阴性：至 2.1.3 2.1.3 O3、O10、O15 抗原或 E 群 若呈阳性：至 3.1.3	2.2.1 O6、O7、O8 抗原或 C 群 若呈阳性：至 3.2.1 若呈阴性：至 2.2.2 2.2.2 O13、O22、O23 抗原 若呈阳性：至 3.2.2 若呈阴性：至 2.2.3 2.2.3 O11 抗原
步骤 3 “O”抗原	使用单特异性抗血清。 特异性 O 抗原血清型的鉴定	3.1.1 B 群分离株： O5、O27 抗原 3.1.2 D 群分离株： D_2 群的 O46 抗原 D_3 群的 O27 抗原 3.1.3 E 群分离株： E_1 群的 O10、O15、O34 抗原 E_4 群的 O19 抗原	3.2.1 C 群分离株： C_1 群的 O7 抗原 C_{2-3} 群的 O8、O6、O20 抗原 H 群的 O14、O24 抗原 3.2.2 G 群分离株： O22、O23 抗原

*如果两种多价“O”抗血清均呈阴性反应，则用多价或群体特异性抗血清（如有）测试分离物，或将其送至参考实验室。

参考文献

ISO 6579:2002. Microbiology of food and animal feeding stuffs-Horizontal method for the detection of Salmonella species. Geneva，Switzerland.

HPA. 2011. UK standards for microbiology investigations: Identification of Salmonella species. HPA Bacteriology identification ID 24 Issue No 2.2，October 2011. London，UK.

动物饲料中李斯特氏菌的分离

原则与范围

李斯特氏菌（*Listeria* spp.）是一种无芽孢的革兰氏阳性短杆菌（0.5 ~ 2.0μm），广泛分布于环境中，可从动物产品、土壤、蔬菜、食品、青贮饲料和其他动物饲料中分离出来，是引发动物和人类疾病的病原体。被动物粪便污染的饲料是李斯特氏菌传播的重要媒介。动物饲料中存在李斯特氏菌可能会传染其他动物。农场爆发的李斯特氏菌病常与被污染的青贮饲料有关。

李斯特氏菌可分为 10 种。

- 默氏李斯特氏菌（*L. murrayi*）和格氏李斯特氏菌（*L. grayi*）是非溶血性的，很少被分离出来。两者都是非致病性的。
- 单核细胞增生李斯特氏菌（*L. monocytogenes*）和伊氏李斯特氏菌（*L. ivanovii*）对人和动物都是溶血性和致病性的。
- 斯氏李斯特氏菌（*L. seeligeri*）也是溶血性的，但是非致病性的。
- 英诺克李斯特氏菌（*L. innocua*）和魏氏李斯特氏菌（*L. welshimeri*）是非溶血、非致病性的。
- 弗莱氏李斯特氏菌（*L. fleischmannii*）、马尔蒂氏李斯特氏菌（*L. marthii*）和罗氏李斯特氏菌（*L. rocourtiae*）是新发现的致病性未知的菌种。

本流程适用于微生物实验室待测饲料样品中李斯特氏菌的检测。

职责

- 实验室分析员。确保用于检测的所有样品按照本标准操作流程的规定进行处理，遵守所有质量保证要求并保持样品完整性。所有实验室分析员必须经过培训，能够胜任所遵循的流程，并将其记录在培训文件中。
- 实验室主管 / 主任。确保所有员工接受了适当的培训并且具备能力来完成本流程，并使之通过参加适当的测试来确保能力水平。
- 质量保证主管。在实验室对本流程进行定期审核，确保有适当的标准操作流程可用，并监督所有人员遵守执行。

健康与安全

李斯特氏菌病属人畜共患病，可引发严重的疾病，甚至危害生命。李斯特氏菌属于生物防控二级病原微生物。所有分离和鉴定工作应由经过培训的专业人员在二级生物安全柜内进行。李斯特氏菌感染可导致严重的症状并会导致孕妇流产，因此怀孕的实验室工作人员和免疫功能低下的人员应禁止接触已知或可疑的李斯特氏菌样品和培养物。

设备

- 无菌自封袋。
- 天平。
- 培养箱[（30±2）℃]，CAMP 试验温度为（37±1）℃。
- 匀质器。
- 2～8℃冰箱（用于样品储存）。
- 接种环（10μL）。
- 适当的参考培养基（如：NCTC 或 ATCC）。

试剂

所有使用的微生物培养基都是按照制造商的说明进行配制或购买配制好的。

- 李斯特氏菌选择性琼脂（含秦皮甲素）。
- 血琼脂（5%）。
- 李斯特氏菌增菌肉汤（UVM 配方）。
- 微生物鉴定系统（API 等）。
- 李斯特氏菌多价 O 型抗血清。
- D- 木糖发酵反应培养基。
- L- 鼠李糖发酵反应培养基。
- 硝酸盐还原肉汤（也包括磺胺酸、N, N- 二甲基 -1- 萘胺和锌粉）。
- 生理盐水。

流程

样品处理

样品检测应在收到样品当天，或者能够按照流程完成该实验的第一个工作日开始。

如果未在收到样品当天开始检测，则应将样品保存在 2～8℃或者保存在能保持其完整性的条件下直到检测开始。如果样品在冷藏状态，应在检测开始前将样品从冰箱中取出，并在室温下保存至少 1h。

李斯特氏菌可在李斯特氏菌选择性琼脂（含秦皮甲素）上生长，形成黑色菌落，周围有一个由秦皮甲素水解产生的深棕色或黑色区域。为了从动物饲料样品中分离出李斯特氏菌，在选择性培养基上进行培养之前，必须先匀浆样品并在增菌肉汤中进行培养。

- 将（25 ± 1.0）g 样品放入无菌袋中密封。如有必要可套两层袋子。
- 在袋子中添加（225 ± 5）mL李斯特氏菌增菌肉汤（UVM 配方）后混合或均质约 2min，然后将匀浆液无菌转移到无菌容器中。在（30 ± 2）℃下培养（48 ± 4）h。
- 将标准浓度的李斯特氏菌参考菌株（如 NCTC 或 ATCC）接种到 225mL 李斯特氏菌增菌肉汤中作为阳性对照，未接种的李斯特氏菌增菌肉汤作为阴性对照。
- 将培养两天的肉汤进行“之”字形划线接种至李斯特氏菌选择性培养基（含秦皮甲素）上。划线之间的间距应为 0.5 ~ 1cm。将李斯特氏菌选择性琼脂平板在（30 ± 2）℃下培养 24 ~ 48h。
- 检查平板的菌落纯度和菌落形态。将疑似李斯特氏菌的菌落传代培养在 5% 血琼脂上，并在（37 ± 1）℃下培养 24 ~ 48h。
- 确认分离培养出李斯特氏菌。
- 从血琼脂平板上，对单个菌落进行过氧化氢酶试验（大多数李斯特氏菌株呈阳性），对单个菌落进行革兰氏染色（革兰氏阳性杆状），用李斯特氏菌多价“O”型抗血清进行凝集试验。

应使用适当的参考菌株（如 NCTC 或 ATCC）作为过氧化氢酶试验和李斯特氏菌多价抗血清凝集反应的阳性和阴性对照。

将培养在血琼脂上的单个、分离良好的菌落乳化到一滴生理盐水（0.85% NaCl）中，检查自身凝集情况，并观察颗粒化情况。自身凝集阳性表明此菌株不能进行血清分型研究。

进一步识别（如需要）

可使用商用识别系统（如 API ™或 MICRO-ID ™或类似的系统）来鉴定分离的菌株或进行适当的实验室生化试验检测。

如果需要进一步鉴定李斯特氏菌，可进行以下试验。

菌种	产酸量			CAMP 试验	
	甘露醇	L- 鼠李糖	D- 木糖	金黄色葡萄球菌	马红球菌
单核细胞增生李斯特氏菌	−	+	−	+	−
英诺克李斯特氏菌	−	V	−	−	−
伊氏李斯特氏菌	−	−	+	−	+
斯氏李斯特氏菌	−	−	+	W+	−
魏氏李斯特氏菌	−	V	+	−	−
格氏李斯特氏菌	+	V	−	−	−
默氏李斯特氏菌	+	−	−	−	−

V=可变反应，W+=弱阳性反应；
只有默氏李斯特氏菌可利用硝酸盐。

CAMP试验

- 在5%的血琼脂平板上，将 β－溶血性金黄色葡萄球菌的适当参考菌株（如 NCTC 或 ATCC）接种于平板一侧的一条线上。在同一平板上，将马红球菌的适当参考菌株（如 NCTC 或 ATCC）平行接种于 β－溶血性金黄色葡萄球菌的一条单线上。在这两条平行线之间，垂直接种疑似李斯特氏菌，不接触 β－溶血性金黄色葡萄球菌或马红球菌。
- 在（37 ± 1）℃下孵育 24 ~ 48h，检查李斯特氏菌与溶血性金黄色葡萄球菌和马红球菌交叉处的溶血增强情况。
- 适当的参考菌株（如 NCTC 或 ATCC）应作为阳性和阴性对照接种。

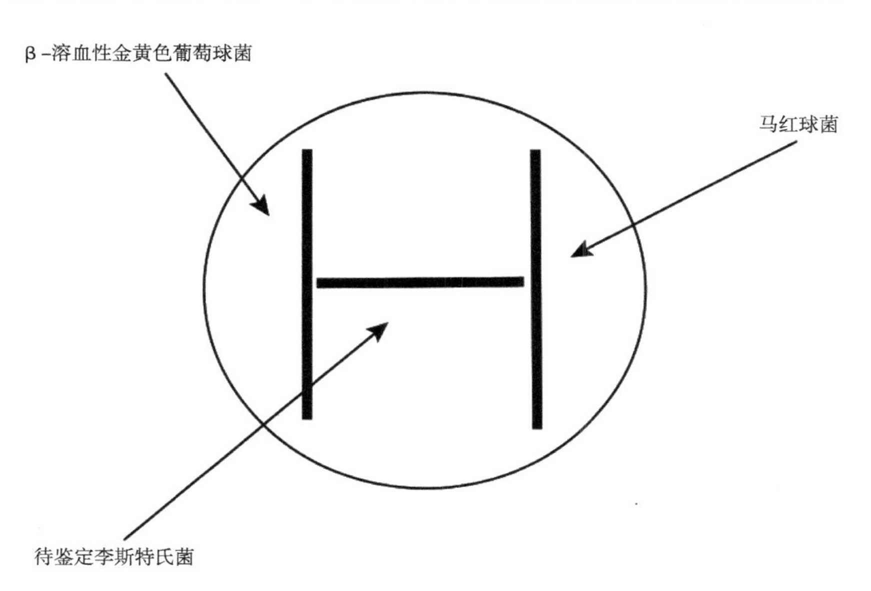

糖发酵

在 5% 血琼脂平板中分别各接种 5mL 甘露醇、L- 鼠李糖和 D- 木糖发酵液。在（37±1）℃下培养（24±2）h，并检查产酸情况。甘露醇、L- 鼠李糖和 D- 木糖发酵液可从合适的供应商处购买。

适当的参考菌株（如 NCTC 或 ATCC）应作为阳性和阴性对照接种。

如有需要，可将李斯特氏菌分离株送至试验室进一步分型。

将疑似菌落接种至硝酸盐还原肉汤孵育 48h，即可检测硝酸盐还原情况。添加 10 ~ 15 滴磺胺酸和 N, N- 二甲基 -1- 萘胺，并在 5min 内观察结果。呈红色者为阳性反应。如果没有颜色变化，在肉汤中加入锌粉。如果添加锌粉后肉汤变红，则结果为阴性。参阅“革兰氏染色和主要特征的检测”标准操作流程。

计算结果

结果应表示为 25g 或 25mL 原始样品中含有的李斯特氏菌数。

参考文献

ISO 11290-2:1998. Microbiology of food and animal feeding stuff. Horizontal method for the detection and enumeration of Listeria monocytogenes. Geneva, Switzerland.

HPA. 2011. UK standards for microbiology investigations: Identification of Listeria species, and other non-sporing Gram-positive rods (except Corynebacterium). HPA Bacteriology identification ID 3 Issue No 2.1, October 2011. London, UK.

动物饲料中酵母菌（益生酵母菌除外）、霉菌、暗色孢科真菌和好氧/嗜温细菌的分离和计数

原则和范围

在动物饲料中检测到的酵母菌、霉菌、暗色孢科真菌和好氧/嗜温细菌的菌落数可作为指示微生物进行诊断区分，并可使用有关其生长情况的数据来描述饲料质量，并说明微生物的生长状态。

酵母菌为圆形到椭圆形的单细胞真菌，通过出芽繁殖。有些能够产生假菌丝（伸长出的芽细胞），但只有少数能够产生真正的菌丝。酵母菌通过形态和生化试验测试进行表征、分类和鉴定。

酵母菌广泛分布于环境中，是人和动物体内正常菌群的一部分。酵母菌可污染多种动物饲料（包括干饲料），并可能导致青贮饲料变质。

许多微生物产品可添加到动物饲料中，以对动物健康和生产产生有益影响，但并不具有营养作用（益生菌）。酵母培养物可用作益生菌，常用的有皮托念珠菌、水解假丝酵母和酿酒酵母。如果要求检测酵母菌，应与动物饲料供应商/制造商确认是否存在此类益生菌。

白色念珠菌通常与动物疾病有关，并在多种温度和不同pH值下，在不同的琼脂培养基中生长。它们产生独特的凸面菌落，具有闪亮的蜡状外观。

霉变的动物饲料不一定含有致病的霉菌毒素或真菌毒素，但动物饲料中存在大量霉菌会对动物的生产和健康产生不利影响。反刍动物的消化率可能会受到影响，饲料能值也会降低。

暗色孢科真菌是一种广泛分布于土壤、水体和腐烂蔬菜中的腐生真菌。

嗜温细菌是指最适温度为20～45℃的细菌，通常是食品污染物（包括动物饲料）。

本流程适用于微生物实验室待测饲料样品中酵母菌（益生酵母菌除外）、霉菌、暗色孢科真菌和好氧/嗜温细菌的检测。

职责范围

- 实验室分析员。确保提交检测的所有样品按照本标准操作流程的规定进行处理，并遵守所有质量保证和健康安全要求，并保持样品完整性。所有实验室分析员必须经过培训，能够胜任所遵循的流程，并将其记录在培训文件中。
- 实验室主管 / 主任。确保所有员工接受了适当的培训并有能力完成本流程，并使之通过参加适当的能力测试来确保能力水平。
- 质量保证主管。通过在实验室对本流程进行定期审核，确保有适当的标准操作流程可用，并监督所有人员遵守执行。

设备

- 100 ~ 1 000μL 的移液枪。
- 培养箱［（25 ± 1）℃］，需氧 / 嗜温细菌培养温度为（20 ± 1）℃。
- 显微镜。
- 涂布器。
- 120 ~ 180r/min 的水平振动仪。
- 均质器和均质袋。
- 搅拌机，最高可达 10 000r/min。

试剂

- 所有使用的微生物培养基都是按照制造商的说明进行配制，或者是购买预先配制好的。
- 蛋白胨肉汤（0.1% 质量浓度，pH 值 7 ± 0.2，含吐温™ 80）。
- 稀释缓冲液。
- 二氯甲烷玫瑰红 - 氯霉素（DRBC）琼脂与表面活性剂。
- 氯硝胺 18% 甘油琼脂（DG18）。
- 胰蛋白酶琼脂与 2, 3, 5- 三苯基氯化四氮唑（TTC）。
- 亚氨基二乙酸（98%）。
- 氢氧化钠溶液（5mol/L）。
- 高效有机硅消泡剂（如瓦克硅 AS-EM.SE2）。

流程

样品处理

样品检测应在收到样品当天，或者能够按照流程完成该实验的第一个工作日开始。

如果未在收到样品当天开始检测，则应将样品保存在 2 ~ 8℃或者保存在能保持其完整性的条件下直到检测开始。如果样品在冷藏状态，应在检测开始前将样品从冰箱中取出，并在室温下保存至少 1h。用于酵母检测的样品不应冷冻。

铜可能对某些微生物有毒性作用。如果提交的样品中铜含量超过 400mg/kg，则在悬浮液中加入 350mg/kg 亚氨基二乙酸和 0.53mL/kg 氢氧化钠溶液，使铜螯合。

将待测样品（ ± 0.1g 或 ± 0.1mL ）添加到所需体积的蛋白胨缓冲液中，并在水平摇床上以 120 ~ 180r/min 的转速摇动 20min。如果出现气泡，可向溶液中添加几滴有机硅消泡剂。

也可将样品和稀释缓冲液放入均质袋中，放置 10 ~ 15min 后，均质处理 3 ~ 5min。液体饲料不需放置，直接处理 3min，但确保时间不超过 10min。

如果合适，可在无菌烧杯中用搅拌机处理样品。首先是 5 000r/min，持续 1min，然后是 8 000 ~ 10 000r/min，持续 5min。

推荐动物饲料悬浮液样品的重量和稀释缓冲液体积见下表。

样品类型	取样	稀释缓冲液	稀释系数
饲料添加剂	4g	196mL	1 ∶ 50
预混料、矿物饲料	20g	380mL	1 ∶ 20
单一和复合饲料	20g	180mL	1 ∶ 10
高膨胀饲料	20g	380mL	1 ∶ 20
干草、稻草和青贮饲料	20g	380mL	1 ∶ 20
单一和复合饲料	20g	180mL	1 ∶ 10
液体饲料	20mL	180mL	1 ∶ 10
糊状或油性产品	5g	90mL+5g 吐温	1 ∶ 20

需要从初始稀释液以 1 ∶ 100 开始进行连续稀释，应在稀释缓冲液中进行连续稀释。

使用以下制剂进行 1 ∶ 100（10^{-2}）的首次稀释。

稀释系数（上表）	初始悬浮体积	+ 稀释液体积
1 ∶ 50	5mL	5mL
1 ∶ 20	5mL	20mL
1 ∶ 10	5mL	45mL

根据预期的微生物量和样本类型，进一步进行 10 倍稀释，通常制作 3 个稀释计数板。

计数板推荐稀释步骤见下表。

饲料类型	稀释倍数				
颗粒和挤压饲料、提取粉和牛奶替代品	10^{-1}	10^{-2}	10^{-3}		
地面饲料和谷物		10^{-2}	10^{-3}	10^{-4}	
青贮饲料		10^{-2}	10^{-3}	10^{-4}	10^{-5}
干草、稻草、啤酒厂和烘焙副产品		10^{-2}	10^{-3}	10^{-4}	10^{-5}
液体饲料		10^{-3}	10^{-4}	10^{-5}	10^{-6}

用移液枪将 100μL 稀释液接种到适当的培养基（DRBC 或 DG18）上，一式两份，并用无菌涂布器涂布均匀。如果已经进行了连续稀释，则应将每种稀释液 100μL 涂在两个相应的平板上。平板盖子朝上，在（25 ± 1）℃孵育 3d。酵母在室温 18 ~ 22℃，放置在漫射日光下静置 1 ~ 2d，可能对酵母有益。

如果怀疑酵母菌数量少，可接种 300μL 稀释液，将其涂布在合适的平板上。

培养后使用合适的真菌学图谱检查特征酵母生长（或其他重要真菌的生长）。

酵母菌生长在合适的琼脂上，呈现独特的哑光或有光泽的半球形奶油色至白色的菌落，表面呈蜡状。可通过使用革兰氏染色法在显微镜下进行确认（酵母菌为革兰氏阳性，大的圆形到椭圆形菌体［（3 ~ 5）μm×（5 ~ 10）μm］。

选择可对菌落计数的培养皿并计数。为了区分酵母和细菌或其他真菌污染物，可能需要使用立体显微镜。

如果制造商添加益生菌，益生菌和酵母菌将在饲料中生长（$>10^5$CFU/g），并应与污染生物区分开来。在 DRBC 和 DG18 培养基上培养酿酒酵母。

报告结果

酵母菌、霉菌和暗色孢科真菌可报告为每克或每毫克饲料中菌落形成单位（CFU）的数量，方法是将菌落数乘以相应的稀释因子。

酵母菌、霉菌和暗色孢科真菌通常报告为 CFU/g 或 CFU/mL。

商业测试系统可通过使用薄膜过滤器或塑料、织物薄膜包装的干燥培养基，将培养时间缩短至 48 ~ 72h。如果使用这些系统，则应遵循制造商的说明。

好氧/嗜温细菌计数

上述流程也可用于计数饲料样品中的好氧 / 嗜温细菌，方法是用含有 2, 3, 5- 三苯基四唑（TTC）的胰蛋白酶琼脂代替 DRBC 和 DG18，培养温度应改为（30 ± 1）℃，持续 2d。

TTC 会被饲料中的腐败菌还原为红色的甲氧氮。培养 3d 后，只计算 TTC 被还原的菌落数。

被认定是动物饲料变质的指示菌包括以下细菌。

- 菌落呈黄色的细菌。
- 假单胞菌属。
- 肠杆菌科。
- 芽孢杆菌属。
- 葡萄球菌。
- 微球菌。
- 链霉菌。
- 通过将菌落数量乘以相应的稀释系数，将好氧 / 嗜温细菌报告为每克或每毫克饲料的菌落形成单位（CFU）的数量。
- 细菌通常报告为 CFU/g 或 CFU/mL。

质量控制

同时使用合适的参考菌株（参考 NCTC、ATCC）作为阳性对照。

提供外部能力验证计划（如欧洲饲料微生物组织）。

参考文献

ISO 7218:2007. Microbiology of food and animal feeding stuffs-general requirements and guidance for microbiological examinations. Geneva，Switzerland.

ISO 21527-1:2008. Microbiology of food and animal feeding stuffs. Horizontal method for the enumeration of yeasts and moulds. Part 1:Colony count technique in products with water activity greater than 0.95. Geneva，Switzerland.

ISO 21527-2:2008. Microbiology of food and animal feeding stuffs. Horizontal method for the enumeration of yeasts and moulds. Part 2:Colony count technique in products with water activity less than or equal to 0.95. Geneva，Switzerland.

VDLUFA. 2012. Methods book III 8th Supplement 2012，No 28.1.2. Standard operating procedure to enumerate bacteria，yeasts，moulds and Dematiaceae. Speyer，Germany.

动物饲料中曲霉菌属的分离和计数

原则和范围

动物饲料中的真菌污染可能发生在田间、饲料原料的收获、加工或储存过程中。如果动物摄入污染的饲料或摄入了真菌的孢子，可能会导致饲料营养价值下降，并对动物健康和生产产生不利影响。人们健康也可能因食用这类动物的肉、蛋、奶或吸入受污染饲料中的霉菌孢子而受到影响。

曲霉菌是动物饲料中最常见的真菌污染物之一。它可能产生霉菌毒素，是一种对动物健康有不利影响的次生代谢物。当摄入或吸入霉菌毒素时，会影响动物的采食量、繁殖、生长、免疫功能，还可能致癌、致畸或致突变。曲霉菌属需氧菌广泛存在于几乎所有富氧环境中，是食品和植物中常见的污染物。

产生霉菌毒素的主要真菌种类包括（但不限于）如下。

- 黄曲霉毒素：黄曲霉和寄生曲霉。
- 单端孢霉烯族毒素类：禾谷镰刀菌和孢霉镰刀菌属等。
- 玉米烯酮：禾谷镰刀菌和黄色镰刀菌。
- 赭曲霉素：赭曲霉和纯绿青霉等。
- 麦角生物碱：麦角菌和雀稗麦角菌。
- 伏马菌素：轮枝镰孢菌（原镰刀菌素念珠形成）等。

曲霉菌计数可按照前面所述对酵母菌、霉菌、暗色孢科真菌和好氧 / 嗜温细菌的流程进行。

本流程适用于微生物实验室待测饲料样品中霉菌的检测。同样的流程可用于从动物饲料中分离其他真菌污染物，包括镰刀菌、青霉和枝孢菌。

职责范围

- 实验室分析员。确保提交检测的所有样品按照本标准操作流程的规定进行处理，并遵守所有质量保证和健康安全要求，并保持样品完整性。所有实验室分析员必须经过培训，能够胜任所遵循的流程，并将其记录在培训文件中。
- 实验室主管 / 主任。确保所有员工接受了适当的培训和能力来完成本流程，并通过参加适当的能力测试确保能力水平。

- 质量保证主管。通过在实验室对本流程进行定期审核，确保有适当的标准操作流程可用，并监督所有人遵守执行。

设备

- 天平。
- 1mL 移液枪。
- 培养箱［（25 ± 1）℃］。
- 显微镜。
- 接种环或涂布器。
- 无菌镊子。
- 载玻片。
- 透明自粘带。

试剂

所有微生物培养基都是按照制造商的说明进行配制，或者是购买预先配制好的。

- 无菌蒸馏水或去离子水。
- 沙氏葡萄糖琼脂（SAB）。
- 察氏琼脂（CZ）。
- 马铃薯葡萄糖琼脂（PDA）。
- 2.5% 次氯酸钠（用于样品表面消毒）。
- 乳酚棉蓝。

流程

样品处理

样品检测应在收到样品当天，或者能够按照流程完成该实验的第一个工作日开始。

如果未在收到样品当天开始检测，则应将样品保存在 2 ~ 8℃或者保存在能保持其完整性的条件下直到检测开始。如果样品在冷藏状态，应在检测开始前将样品从冰箱中取出，并在室温下保存至少 1h。检测曲霉的样品不应冷冻。

向 10g 样品中加入 90mL 无菌蒸馏水中，轻轻摇匀，如浓度过高可连续稀释至 10^{-4}。

用移液枪将 100μL 悬浮液接种到培养基中，并用无菌微生物涂布器在培养基表面涂匀。如果进行了连续稀释，则应将每种稀释液涂布在相应的标记平板上。在（25 ± 1）℃下最多培养 14d。

或者可以直接将饲料颗粒或谷粒涂抹到培养基表面。为了避免细菌污染物的过度生长，可以用 2.5% 的次氯酸钠对谷粒或饲料颗粒进行表面消毒，方法是浸泡在 2.5% 次氯酸钠中，然后用无菌水冲洗。用无菌镊子放在琼脂表面。为了量化生长情况，应接种 100 粒。

沙氏葡萄糖琼脂（SAB）、察氏琼脂（CZ）和马铃薯葡萄糖琼脂（PDA）常用于分离曲霉菌，可单独或联合使用。应建立合适的对照培养基（参考 NCTC 或 ATCC），以确保培养基的适用性，并根据鉴定目的进行比较。

如果细菌过度生长，可在培养基中添加抗生素。通常使用 50mg/L 氯霉素和 50mg/L 金霉素。氯霉素应制备成 100mL，并在使用前过滤除菌。盐酸金霉素溶液不稳定，应在使用前制备并过滤除菌。

每天使用适当的真菌学图谱检查曲霉菌的生长特征（或其他重要真菌的生长）。

曲霉菌在合适的真菌琼脂上生长，表面呈粉状，柔软光滑，具有特征性的颜色（烟曲霉是深绿色，黑曲霉是黑色，黄曲霉是黄绿色）。必须使用乳酚棉蓝作为染色剂在显微镜下检查真菌的生长，确认菌丝和典型的结构，例如分生孢子（孢子的茎）。

曲霉菌的孢子会散落在空气中，所以培养皿应小心处理，避免形成卫星菌落，这可能会使样本中的菌落量偏高。孢子会飘到大气中，对实验室工作人员造成危害。为了避免培养皿之间的交叉污染，培养前可使用自粘带密封每个培养皿。

乳酚棉蓝染色法

用移液枪或接种环在载玻片上滴一滴乳酚棉蓝。用一小部分透明胶带轻轻地将黏性的一面放在典型菌落上，轻轻地接触菌落表面。将胶带放在一滴乳酚棉蓝色的玻璃载玻片上，并让其附着（充当盖玻片）。使用合适的真菌学图谱检查有无明显的分枝或蕨类结构。

根据菌落色素沉淀和独特的显微外观，对曲霉菌属进行种属推测鉴定。如有需要，培养物应交由真菌学参考实验室确认。

报告结果

曲霉菌计数可报告为每克菌落形成单位（CFU/g），方法是将菌落数乘以相应的稀释系数，或报告说明显示有生长活力的谷物或饲料颗粒数量。

质量控制

应同时建立合适的参考培养基（参考 NCTC、ATCC）作为阳性对照。

参考文献

ISO 21527-1:2008. Microbiology of food and animal feeding stuffs. Horizontal method for the enumeration of yeasts and moulds. Part 1:Colony count technique in products with water activity greater than 0.95. Geneva，Switzerland.

ISO 21527-2:2008. Microbiology of food and animal feeding stuffs. Horizontal method for the enumeration of yeasts and moulds. Part 2:Colony count technique in products with water activity less than or equal to 0.95. Geneva，Switzerland.

VDLUFA. 2012. Methods book Ⅲ 8th Supplement 2012，No 28.1.2. Standard operating procedure to enumerate bacteria，yeasts，moulds and Dematiaceae. Speyer，Germany.

动物饲料中益生菌和酵母菌的分离和计数

原则和范围

具有益生菌特性的细菌可以添加到动物饲料中以提供有益的特性。可能会要求饲料分析实验室对这些细菌进行鉴定和计数，以确定饲料中添加的这类微生物的水平。

添加到动物饲料中的常见益生菌和酵母菌包括以下种类。

- 蜡样芽孢杆菌。
- 地衣芽孢杆菌。
- 枯草芽孢杆菌。
- 乳酸片球菌。
- 粪肠球菌。
- 鼠李糖乳杆菌。
- 酿酒酵母。

本流程适用于微生物实验室待测饲料添加剂、预混料和配合饲料样品中益生菌和酵母菌的检测。

职责范围

- 实验室分析员。确保提交检测的所有样品按照本标准操作流程的规定进行处理，遵守所有质量保证和健康安全要求，并保持样品完整性。所有实验室分析员必须经过培训，能够胜任所遵循的流程，并将其记录在培训文件中。
- 实验室主管 / 主任。确保所有员工接受了适当的培训和能力来完成本流程，并使之通过参加适当的能力测试来确保能力水平。
- 质量保证主管。通过在实验室对本流程进行定期审核，确保有适当的标准操作流程可用并监督所有人遵守执行。

设备

- 均质器或混合搅拌器（转速能够达到 800 ~ 12 000r/min 的混合器）。
- 移液枪。

- 涂布器。
- 培养箱［（37 ± 1）℃］，酿酒酵母的培养温度为（30 ± 1）℃。
- pH 计。
- 光学显微镜。
- 搅拌机（转速在 5 000 ~ 10 000r/min）。
- 均质器和均质袋。

试剂

- 氢氧化钠溶液（5mol/L）pH 值≥ 8.5。
- 含有吐温® 80的缓冲溶液（50g吐温、18.17g Tris、5g蛋白胨、1L水），消泡剂（如瓦克硅AS-EM.SE2）。
- 胰蛋白酶大豆琼脂（分离蜡样芽孢杆菌时加氯霉素和多黏菌素 B）。
- 蜡样芽孢杆菌选择性培养基（PEMBA），多黏菌素 B 和蛋黄乳剂。
- 肠球菌选择性琼脂。
- 罗戈萨琼脂（乳酸杆菌选择性琼脂）。
- 麦芽汁琼脂。
- 盐酸（5mol/L）。
- 含蛋白胨和吐温® 80的磷酸钠缓冲液。
- Tris- 吐温蛋白胨溶液。
- 磷酸钾缓冲液（0.08mol/L）。
- 磷酸钠缓冲液（高压灭菌前 pH 值为 7.3）。
- MRS 琼脂。

流程

样品处理

样品检测应在收到样品当天开始，或者能够按照流程完成该实验的第一个工作日开始。

如果未在收到样品当天开始检测，则应将样品保存在 2 ~ 8℃或者保存在能保持其完整性的条件下直到检测开始。如果样品在冷藏状态，应在检测开始前将样品从冰箱中取出，并在室温下保存至少 1h。

使用的氢氧化钠溶液（适用于蜡样芽孢杆菌、地衣芽孢杆菌和枯草芽孢杆菌）或含有吐温 80 和蛋白胨的缓冲溶液（对于酸性乳酸链球菌、粪肠球菌，鼠李糖乳杆菌或酿酒酵母），应在高压灭菌前用盐酸将其调节至 pH 值为 8.1。

提交样本时随附的文件通常会说明要计数哪些微生物，有时需要从同一样本中鉴定和计数不止一种微生物（例如地衣芽孢杆菌和枯草芽孢杆菌）。

芽孢杆菌属

以下方法通常用于蜡样芽孢杆菌、地衣芽孢杆菌和枯草芽孢杆菌的计数，但必要时也可用于其他芽孢杆菌。

初始悬浮液的 pH 值应≥ 8.5。必要时应使用氢氧化钠溶液（5mol/L）进行 pH 值调整。

使用以下数量的样品和氢氧化钠溶液计数芽孢杆菌。

样品类型	样品质量（g 或 mL）	悬浮稀释液	稀释系数
饲料添加剂	2	198	1：100
预混合物	2	198	1：100
矿物饲料	10	190	1：20
复合饲料	20	380	1：20

在均质器或搅拌机中处理初始悬浮液 4 ~ 5min。如果在处理过程中观察到起泡，则可添加消泡剂（如瓦克硅 AS-EM.SE 2）。

用移液枪吸取 5mL 初始悬浮液，同时保持其均匀性，制备第一份稀释液（添加剂和预混料稀释系数为 1：1 000，矿物饲料和复合饲料稀释系数为 1：100）。根据需要，将 5mL 悬浮液加入至 45mL 悬浮稀释液以获得 1：1 000 稀释液，或加入至 20mL 悬浮液稀释液以获得 1：100 稀释液。

根据芽孢杆菌菌落形成单位（CFU）的预期数量，在悬浮稀释液中进一步制备 10 倍稀释液。

每一个 10 倍稀释液（100 ~ 250μL）应涂布在 3 种类型的检测培养基和胰蛋白酶大豆琼脂（分离蜡样芽孢杆菌时添加氯霉素和多黏菌素 B）平板上。为了确认芽孢杆菌的特性，建议也将 100μL 接种到确认培养基（蜡样芽孢杆菌选择性培养基）上，并使用无菌涂布器进行涂布。

应在（37 ± 1）℃的温度下培养（24 ± 2）h。蜡样芽孢杆菌可能生长缓慢，如果需要，可将培养皿培养 3 天。

选择产生 20 ~ 200CFU 的平板并计数。复合饲料和矿物质饲料的结果应以 CFU/kg 或 CFU/L 的形式报告，预混料和添加剂的结果应以 CFU/g 或 CFU/mL 的形式报告。地衣芽孢杆菌和枯草芽孢杆菌可能同时存在，应表示为彼此的近似比例。

应检查培养基上菌落的特性，以确认芽孢杆菌的特性。

- 地衣芽孢杆菌菌落为黏液状并发光，类似于地衣。在鉴定培养基上，产生典型的菌落，呈蛋黄状绿松石色至蓝色。

- 枯草芽孢杆菌产生圆形菌落，无光泽，粒度细，或是凹凸不平，枯草芽孢杆菌在确认培养基上不生长。
- 蜡样芽孢杆菌产生灰白色圆形菌落，边缘偶尔不规则且有缺口。在确认培养基上，蜡样芽孢杆菌产生典型的菌落，菌落呈绿松石色至蓝色。

质量控制

应使用合适的参考菌株（参考 NCTC 或 ATCC）来确认方法。应考虑参加适当的能力验证计划（EQA）。

粪肠球菌和鼠李糖乳杆菌

应使用氢氧化钠或盐酸将样品的 pH 值调节至 7.3 ± 0.1。

铜离子对粪肠球菌有毒害作用，应立即螯合处理。初始悬浮液中铜浓度≥ 20mg/L 则足以引起毒害作用，应查看样品中附带的铜含量说明。如果铜含量未知，应进行检测。如果铜含量达到临界含量，则可在 20g 样品中加入 0.35g 亚氨基二乙酸和 530μL 氢氧化钠溶液以螯合铜。如果铜含量超过 8 300mg/kg，则需要添加更高的量。

按下表标准制备含有蛋白胨和吐温®80（或 Tris- 吐温蛋白胨溶液）初始悬浮液。如有需要，添加有机硅消泡剂。

样品	临界铜含量（mg/kg）	样品重量（g 或 mL）	稀释液（mL）	初始悬浮稀释系数
添加剂	N/A	5	495	1 ∶ 100
预混合物	>400	20	380	1 ∶ 20
复合饲料和矿物饲料	<400	20	380	1 ∶ 20
牛奶替代品（粉末 / 颗粒）	N/A	20	380	1 ∶ 20
牛奶替代品（微囊）	N/A	100	900	1 ∶ 10
复合饲料（颗粒）	>200	100	900	1 ∶ 10
糊状物 / 油性产品	>400	5	95	1 ∶ 20

称取所需体积的样品至适当容器中，并根据需要添加所需体积的磷酸钠缓冲液、蛋白胨或 Tris- 吐温蛋白胨溶液。以大约 5 000r/min 的速度混合 1min，然后将速度提高到 8 000 ~ 10 000r/min 混合大约 4min。

对于糊状或油性产品，将制备好的样品在均质器处理 5min，而不是使用搅拌机。

用移液管移走5mL初始悬浮液，同时保持其均匀，制备第一份稀释液（1：100）。对于1：20的初始悬浮液，添加磷酸钠缓冲稀释液，以达到1：100的稀释度。对于初始悬浮液为1：10的样品，添加45mL磷酸钠缓冲稀释液，以达到1：100的稀释度。

根据粪肠球菌或鼠李糖乳杆菌的菌落形成单位（CFU）的预期数量，在悬浮稀释液中进一步制备10倍比例稀释液。

用移液枪将100～1 000μL的每种稀释液移入3个培养皿中（目的是使每个培养皿达到20～200CFU），并在大约50℃的温度下添加10mL的检测培养基。混合并使其凝固，然后在大约50℃下覆盖大约8mL相同的检测培养基。

- 对于粪肠球菌，使用肠球菌选择性琼脂作为检测培养基。
- 鼠李糖乳杆菌使用罗戈萨培养基（乳酸杆菌选择性琼脂）作为检测培养基。
- 在（37±1）℃培养平板至少2d（肠球菌选择性琼脂）或至少4d（罗戈萨琼脂）。
- 在肠球菌选择性琼脂上，粪肠球菌生长为小的（0.5～1.5mm）暗红色菌落。
- 在罗戈萨琼脂上，鼠李糖乳杆菌的菌落较大（2.5～3.5mm）。

选择产生20～200CFU的平板并计数。复合饲料和矿物质饲料的结果应以CFU/kg或CFU/L的形式报告，预混料和添加剂的结果应以CFU/g或CFU/mL的形式报告。如果要求同时进行粪肠球菌和鼠李糖乳杆菌的计数，也可以将它们表示为彼此的近似比率。

可通过在光学显微镜下检查细胞形态来确认微生物：

- 肠球菌产生成对球菌或成短链状。
- 乳酸杆菌产生链状杆菌。

质量控制

可使用合适的参考菌株（参考NCTC或ATCC）来确认检测流程。

乳酸双球菌

对于动物饲料中的酸性乳酸菌的检测，可遵循大肠杆菌和鼠李糖乳杆菌相同的流程，但应更换磷酸钾缓冲液（0.08mol/L）作为连续稀释液。在制备前，初始样品的pH值应调整为8.1±0.1。

使用以下体积的样品和稀释液在Tris-吐温蛋白胨溶液中制备初始悬浮液。如有需要，添加有机硅消泡剂。

样品	临界铜含量（mg/kg）	样品重量（g 或 mL）	稀释液（mL）	初始悬浮稀释系数
添加剂	N/A	5	495	1 ∶ 100
预混合物	>2 000	5	495	1 ∶ 100
复合饲料	>200	40	360	1 ∶ 10
牛奶替代品	N/A	40	360	1 ∶ 10
矿物质饲料	>400	40	760	1 ∶ 20

罗戈萨琼脂可作为乳酸片球菌的检测培养基。乳酸杆菌在（37 ± 1）℃下至少 3d 后生长为明显的白色菌落（直径约为 2mm）。

在光学显微镜下，乳酸链球菌产生独特的成对和四分体球菌。

选择 20 ~ 200CFU 的平板并计数。复合饲料和矿物饲料的结果应以 CFU/kg 或 CFU/L 的形式报告，预混料和添加剂的结果应以 CFU/g 或 CFU/mL 的形式报告。

酿酒酵母

对于动物饲料中的酿酒酵母的检测，可遵循与大肠杆菌和鼠李糖乳杆菌相同的流程，但应更换磷酸钾缓冲液（0.08mol/L）作为连续稀释的稀释液。在制备前，初始样品的 pH 值应调整为 8.1 ± 0.1。

使用以下体积的样品和稀释液在 Tris- 吐温蛋白胨溶液中制备初始悬浮液。如有需要，添加有机硅消泡剂。

样品	临界铜含量（mg/kg）	样品重量（g 或 mL）	稀释液（mL）	初始悬浮稀释系数
添加剂	N/A	5	495	1 ∶ 100
预混合物	>2 000	5	495	1 ∶ 100
复合饲料	>200	40	360	1 ∶ 10
牛奶替代品	N/A	40	360	1 ∶ 10
矿物质饲料	>400	40	760	1 ∶ 20

麦芽汁琼脂可作为酿酒酵母的检测培养基。培养皿应在（30 ± 1）℃的温度下至少培养 4d。

在光学显微镜下，酿酒酵母产生独特的菌落。

选择产生 20 ~ 200CFU 的平板并计数。复合饲料和矿物饲料的结果应以 CFU/kg 或 CFU/L 的形式报告，预混料和添加剂的结果应以 CFU/g 或 CFU/mL 的形式报告。

参考文献

VDLUFA. 2007. Methods Book Ⅲ 7th supplement 2007，No 28.2.1. Enumeration of Bacillus cereus. Speyer，Germany.

VDLUFA. 2012. Methods Book Ⅲ 8th supplement 2012，No 28.2.2. Enumeration of Bacillus licheniformis and Bacillus subtilis. Speyer，Germany.

VDLUFA. 2012. Methods Book Ⅲ 8th supplement 2012，No 28.2.3. Enumeration of Enterococcus faecium. Speyer，Germany.

VDLUFA. 2012. Methods Book Ⅲ 8th supplement 2012，No 28.2.4. Enumeration of Enterococcus faecium and Lactobacillus rhamnosus. Speyer，Germany.

VDLUFA. 2012. Methods Book Ⅲ 8th supplement 2012，No 28.2.5. Enumeration of Pedicoccus acidilactici. Speyer，Germany.

VDLUFA. 2012. Methods Book Ⅲ 8th supplement 2012，No 28.2.6. Enumeration of Saccharomyces cerevisiae. Speyer，Germany.

动物饲料中亚硫酸盐还原梭状芽孢杆菌的分离和计数

原则和范围

梭状芽孢杆菌是一类厌氧型革兰氏阳性芽孢杆菌［（3～8）μm×0.5μm］，有 100 多种。大多数梭状芽孢杆菌属是腐生菌，通常存在于土壤、水和腐烂的有机质中。大多数梭状芽孢杆菌是可以运动的，但产气荚膜梭菌（常导致食品和饲料污染）不能运动，它可以在有限的氧气条件下生长。

有些梭状芽孢杆菌是在动物（包括人类）的肠道中发现的共生菌，在动物死亡后的分解过程中起着重要的作用。少数梭状芽孢杆菌能产生致病性的强力外毒素（如产气荚膜梭菌、破伤风梭菌、肉毒梭状芽孢杆菌）。

梭状芽孢杆菌的一个显著特征是能产生芽孢，这些芽孢使之能够在恶劣的条件下（包括热、冷和含氯的水）长时间存活。

本流程适用于微生物实验室待测饲料样品中亚硫酸盐还原梭状芽孢杆菌的检测。

职责

- 实验室分析员。确保用于检测的所有样品按照本标准操作流程的规定进行处理，遵守所有质量保证要求并保持样品完整性。所有实验室分析员必须经过培训，能够胜任所遵循的流程，并将其记录在培训文件中。
- 实验室主管 / 主任。确保所有员工已经接受了适当的培训并且具备能力来完成本流程，并通过参加适当的测试来确保能力水平。
- 质量保证主管。在实验室对本流程进行定期审核，确保有适当的标准操作流程可用，并监督所有人员遵守执行。

设备

- 恒温箱［（37±1）℃和（80±1）℃］。
- 均质器。
- 水浴锅［（50±2）℃］。

- 100μL 移液器。
- 厌氧培养箱。
- 接种环或接种丝。
- 2 ~ 8℃冰箱。

试剂

所有微生物培养基都是根据制造商的说明进行配制或购买预先配制好的。

- 蛋白胨缓冲液。
- 类胰蛋白酶亚硫酸盐环丝氨酸琼脂。
- 梭状芽孢杆菌分离琼脂（干饲料用）。
- 血琼脂。
- 动力硝酸盐培养基。
- 乳糖明胶培养基。
- 磺胺酸。
- N, N- 二甲基 -1- 萘胺。
- 锌粉。

流程

样品处理

样品检测应在收到样品当天，或者能够按照流程完成该实验的第一个工作日开始。

如果未在收到样品当天开始检测，则应将样品保存在 2 ~ 8℃或者保存在能保持其完整性的条件下直到检测开始。如果样品在冷藏状态，应在检测开始前将样品从冰箱中取出，并在室温下保存至少 1h。

- 称取 10g 样品放入均质袋，加入 90mL 蛋白胨缓冲液。均质 30s。
- 将均质液倒入无菌瓶中，在（80 ± 1）℃孵化 30min，以此杀死梭状芽孢杆菌的营养细胞以及所有存在的污染菌。
- 在水浴中冷却 30min，至大约 50℃左右，并向无菌培养皿中加入 100μL 冷却后的液体。根据梭状芽孢杆菌菌落形成单位（CFU）的预期数量，在蛋白胨缓冲液中进一步制备 10 倍稀释液。
- 向培养皿中加入 15 ~ 25mL 冷却至约 50℃的类胰蛋白酶亚硫酸盐环丝氨酸琼脂培养基，轻轻混匀，让培养基凝固。在（37 ± 1）℃厌氧培养（24 ± 4）h。厌氧气体生成系统应配备适当的厌氧指示器，厌氧培养柜应配备适当的厌氧监测器。

由于亚硫酸盐的还原，培养后的梭状芽孢杆菌将在类胰蛋白酶亚硫酸盐环丝氨酸琼脂培养基上生长为典型的黑色菌落。对这些菌落进行计数，以计算样本中梭状芽孢杆菌的数量。将选定的亚硫酸盐还原菌落传代培养到合适的培养基（如血琼脂）上进行纯度检查，并进行确认试验。

亚硫酸盐还原菌落确认试验

梭状芽孢杆菌是革兰氏阳性杆菌［（3～8）μm×0.5μm］，通常可见比菌体宽的“隆起”的内孢子。一些较古老的菌株可能染色不规则或呈革兰氏阴性。

可使用动力硝酸盐培养基进行硝酸盐动力测试。用接种丝挑取疑似梭状芽孢杆菌并穿刺接种，然后在（37±1）℃厌氧培养（24±4）h。

如果观察到细菌自穿刺线生长贯穿整个动力硝酸盐培养基（产生云雾状生长），则此菌株是能运动的。如果生长被限制在穿刺线，则此菌株是不能运动的。

加入10～15滴磺胺酸和N,N-二甲基-1-萘胺，观察5min内是否有红色变化，红色变化表明硝酸盐反应呈阳性。

如果没有颜色变化，硝酸盐有可能进一步还原为氨或氮气，因此要进行进一步的测试，以检测未还原的硝酸盐。

锌可以将硝酸盐还原为亚硝酸盐，因此可以检测到未还原的硝酸盐。

向动力硝酸盐培养基中加入锌粉，观察颜色是否变为红色（因为已经存在磺胺酸和N,N-二甲基-1-萘胺）。如果培养基在加入锌后变成红色，则结果是阴性的，即在加入锌粉之前硝酸盐没有被还原。

如果动力硝酸盐培养基没有变色，则不存在硝酸盐，因为它已被还原为亚硝酸盐，然后进一步还原为氨或氮气，记录为阳性反应。

可接种乳糖明胶培养基检测明胶液化和乳糖发酵。用接种丝穿刺接种疑似梭状芽孢杆菌的菌落，然后在（37±1）℃厌氧培养（24±4）h。

发酵后出现气体并变黄色表明乳糖发酵。

将乳糖明胶培养基在2～8℃保存1h并观察其凝固情况，以检查明胶是否液化。如果培养基已经凝固，则应在（37±1）℃下进一步培养（24±4）h，并在2～8℃下培养1h后再次检查液化情况。

另一种可用于干饲料的培养基是梭菌鉴别琼脂。如果使用该培养基，则在接种前应将样品加热至30℃，以促进孢子萌发。

结果报告

- 结果报告为每100g饲料中确认的亚硫酸盐还原梭状芽孢杆菌菌落数。
- 选择产生20～200CFU菌落的平皿进行计数。

质量管理

应使用合适的参考菌株来证实该方法。应考虑参加合适的能力验证计划。

应使用厌氧指示器来确定在操作过程中产生厌氧条件的效率。

参考文献

ISO 6461-1:1986. Detection and enumeration of the spores of sulphite-reducing anaerobes (Clostridia) -part 1. Method by enrichment in a liquid medium. Geneva, Switzerland.

动物饲料中弓形虫的检测

原则和范围

弓形虫是一种细胞内寄生原虫，能寄生在包括人类在内的恒温动物体内从而引起常见的感染。弓形虫会产生包囊，这些包囊可能会在宿主中休眠多年。感染弓形虫可能导致流产（特别是绵羊和山羊）或失明。

弓形虫可寄生在所有恒温动物体内，但猫科动物是最终宿主。土壤可能因猫科动物排泄出的卵囊而受到污染，对环境具有极强抵抗力的卵囊可能存在于被土壤污染的植物、水或直接存在于最终宿主的粪便中。

猪已被证实是弓形虫的主要来源，但室内饲养感染率较低。实行户外饲养的国家（以及在户外饲养被视为是对动物的福利的国家）弓形虫感染率可能会更高。

如果土壤被卵囊污染，散养的家禽，特别是鸡，可能会感染弓形虫。

本流程适用于微生物实验室待测饲料样品中弓形虫的检测。

职责

- 实验室分析员。确保用于检测的所有样品按照本标准操作流程的规定进行处理，遵守所有质量保证要求并保持样品完整性。所有实验室分析员必须经过培训，能够胜任所遵循的流程，并将其记录在培训文件中。
- 实验室主管 / 主任。确保所有员工已经接受了适当的培训并且具备能力来完成本流程，并通过参加适当的测试来确保能力水平。
- 质量保证主管。在实验室对本流程进行定期审核，确保有适当的标准操作流程可用，并监督所有人员遵守执行。

健康与安全

弓形虫卵囊可通过摄入途径传染给人类，在处理可疑样品时应采取适当的防护措施。弓形虫可能会导致人类流产，怀孕和免疫功能低下的实验室工作人员严禁操作该流程。

设备

- 均质机或搅拌机。
- 尺寸连续减小的筛网。
- 移液枪（包括无菌枪头）。
- 光学显微镜（如有需要可选配目镜测微计，选配紫外光束检测自发荧光）。
- 离心机（4 500r/min）。
- 离心管。
- 载玻片和盖玻片。

试剂

- 无菌水。
- 饱和蔗糖溶液（比重≤ 1.15）。

流程

样品处理

样品检测应在收到样品当天，或者能够按照流程完成该实验的第一个工作日开始。

如果未在收到样品当天开始检测，则应将样品保存在 2 ~ 8℃或者保存在能保持其完整性的条件下直到检测开始。如果样品在冷藏状态，应在检测开始前将样品从冰箱中取出，并在室温下保存至少 1h。

冷冻会杀死弓形虫卵囊，因此不得冷冻样品。

应检测至少 100g 样品。样品用均质器等设备在无菌水中均质处理。根据样品基质的不同，可能有大量的残渣，在预过滤阶段使用尺寸连续减小的筛网可以去除这些残渣。

一旦通过连续网筛，应将液体回收并以 500r/min 的速度离心 3min，用移液管在不影响沉淀的情况下小心移走上清液并丢弃。

将沉淀重悬在蔗糖饱和溶液（比重≤ 1.15）中，并在 4 500r/min 下离心 15min。

在离心管中添加额外的饱和蔗糖溶液，使其充满至顶部，产生正弯月液面。将盖玻片盖在试管顶部液面上，静置至少 5min。

移去盖玻片，参考适当的寄生虫图谱在显微镜下观察弓形虫卵囊，以辅助鉴别。目镜测微计可用于卵囊的精确测量，其直径为 10 ~ 13μm。

在紫外光（激发滤光片，330 ~ 385nm；二向色镜，400nm；屏障滤光片，420nm）下检查，因为无孢子化卵囊和有孢子化卵囊都可能表现出典型的蓝色自发荧光。但是，应该注意的是，同一悬液中的所有卵囊可能不会表现出自发荧光，这在卵囊浓度较低时会导致假阴性。

值得注意的是，弓形虫卵囊的形态与其他新孢子球虫和哈蒙德孢子球虫相似。

用移液管将可疑卵囊小心冲洗到试管中，并在低温（即 -80℃）下保存，以在需要时通过 PCR 进一步鉴定。或者可以通过小鼠腹腔内或皮下接种，接种前先对小鼠弓形虫血清阴性进行生化测定。接种 6 周后收集血液用于血清学分析，并通过血清转化确认。

如果有可用的 PCR 技术，应遵循推荐的操作流程。

参考文献

Dumètre，A. & Dardé，M.-L. 2003. How to detect Toxoplasma gondii oocysts in environmental samples. FEMS Microbiology Reviews 27（5）: 651-661.

动物饲料中棘球绦虫的检测

原则和范围

棘球绦虫在分类上包含10种，分别是细粒棘球绦虫、多房棘球绦虫、寡囊棘球绦虫、沃格利棘球绦虫、加拿大棘球绦虫、马棘球绦虫、狮棘球绦虫、中间棘球绦虫、奥尔特勒皮棘球绦虫和希氏棘球绦虫。细粒棘球绦虫和多房棘球绦虫最常见，细粒棘球绦虫与有蹄类农场动物有关。

棘球绦虫主要宿主有狗、猫和某些野生食肉动物（如狐狸、郊狼）。最终宿主动物通过粪便排出棘球绦虫虫卵，这些虫卵可在环境中存活数月，并可感染有蹄类宿主（绵羊、山羊、牛等）或污染生产动物饲料的牧场。感染可导致棘球绦虫病，也叫包虫病，并给家畜造成重大经济损失。

摄入棘球绦虫虫卵可在被感染（中间）宿主的内脏内产生大的包虫囊肿。囊肿会在几年内变得非常大，可能含有数升液体，人类可能是中间宿主。

本流程适用于所有提交微生物实验室检测的样品中棘球绦虫的检测。

职责

- 实验室分析员。确保用于检测的所有样品按照本标准操作流程的规定进行处理，遵守所有质量保证要求并保持样品完整性。所有实验室分析员必须经过培训，能够胜任所遵循的流程，并将其记录在培训文件中。
- 实验室主管 / 主任。确保所有员工已经接受了适当的培训并且具备能力来完成本流程，并通过参加适当的测试来确保能力水平。
- 质量保证主管。在实验室对本流程进行定期审核，确保有适当的标准操作流程可用，并监督所有人员遵守执行。

健康与安全

棘球绦虫对人类有高度致病性，在实验室内处理可疑样品时应格外小心。

设备

- 天平。
- 50mL 离心管。

- 孔径最大 4mm 的筛网。
- 离心机（4 500r/min）。
- 漩涡仪。
- 移液管。
- 载玻片和盖玻片。
- 显微镜（配有可选测微目镜）。

试剂

- 5% 氢氧化钾（KOH）。
- 硝酸钠饱和溶液（$NaNO_3$，比重为 1.35）。

流程

样品处理

样品检测应在收到样品当天，或者能够按照流程完成该实验的第一个工作日开始。

如果未在收到样品当天开始检测，则应将样品保存在 2 ~ 8℃或者保存在能保持其完整性的条件下直到检测开始。如果样品在冷藏状态，应在检测开始前将样品从冰箱中取出，并在室温下保存至少 1h。

以下流程可用于检测土壤和环境样品中的棘球蚴虫卵，也可用于检测生产动物饲料的草料和谷物。

将 5g 待测样品放入 50mL 离心管中，按 1 : 2 的比例加入 5% 的 KOH，并使用高速涡旋仪进行混匀。如果样品中含有土壤或沙粒，可以先将其通过粗筛除去。

以 500r/min 的速度离心 3min，用移液枪在不影响沉淀的情况下小心移走上清液并丢弃。

沉淀重悬于 5% 的 KOH 中，并再次以 500r/min 的速度离心 3min。使用移液枪在不影响沉淀的情况下小心除去上清液并丢弃。

将沉淀重悬在 $NaNO_3$ 饱和溶液（比重为 1.35）中，以 4 500r/min 的速度离心 15min。

添加额外的饱和 $NaNO_3$ 溶液到离心管中，使其充满至顶部，产生正弯月液面。将盖玻片盖在试管顶部液面上，静置至少 5min。

移去盖玻片，参考适当的寄生虫图谱镜检棘球蚴虫卵以辅助诊断。目镜测微尺可以用来精确测量虫卵。应该注意的是，棘球绦虫虫卵在形态上与绦虫虫卵难以区分。

用移液枪将可疑卵囊小心冲洗到试管中，并在 -80℃下保存，以便进一步鉴定或在需要时提交给参考实验室进行鉴定。

质量管理

参考实验室（例如英国索尔福德大学的绦虫诊断实验室）可以协助进一步鉴定和提供对照样品。

近年来，国内外对细粒棘球绦虫虫卵或成虫 DNA 的 PCR 检测方法已陆续发表，并且研发了可用于环境样品细粒棘球蚴虫卵的新型诊断方法。

首先应该使用上述技术回收虫卵。

如果有可用的 PCR 技术，应遵循推荐的操作流程。

参考文献

Shaikenov，B.S.，Rysmukhambetova，A.T.，Massenov，B.，Deplazes，P.，Mathis，A. & Torgerson，P.R. 2004 Short Report: The use of a polymerase chain reaction to detect Echinococcus granulosus（G 1 strain）eggs in soil samples. Institute of parasitology，University of Zürich，Zürich，Switzerland. Institute of Zoology，Kazakh Academy of Sciences，Academogorodok，Almaty，Kazakhstan. American Journal of Tropical Medicine and Hygiene 7: 441–443.

动物饲料中旋毛虫的检测

原则和范围

旋毛虫是一种寄生线虫，动物（包括人类）在食用被污染的肉类后会造成潜在的感染（旋毛虫病或毛线虫病）。目前已知的种类多达 10 种，但最受食品行业关注的是旋毛虫。

旋毛虫在世界范围内广泛存在，可寄生于多种动物宿主，主要是肉食性和杂食性野生哺乳动物，特别是那些食腐动物，如狐狸、熊、猪和野猪。啮齿类动物被认为在地方流行性感染区域作为宿主发挥了重要作用。旋毛虫整个的生命周期通常发生在单一寄主物种内，由两个幼虫阶段和成虫阶段组成。

人类通常因食用未煮熟含旋毛虫幼虫的猪肉而感染旋毛虫病。猪的主要传染源已被确定为被动物粪便污染的饲料。

本流程适用于微生物实验室待测饲料样品中旋毛虫的检测。

职责

- 实验室分析员。确保用于检测的所有样品按照本标准操作流程的规定进行处理，遵守所有质量保证要求并保持样品完整性。所有实验室分析员必须经过培训，能够胜任所遵循的流程，并将其记录在培训文件中。
- 实验室主管 / 主任。确保所有员工已经接受了适当的培训并且有能力来完成本流程，并使之通过参加适当的测试来确保能力水平。
- 质量保证主管。在实验室对本流程进行定期审核，确保有适当的标准操作流程可用，并监督所有人员遵守执行。

设备

- 无菌密封袋。
- 校准天平。
- 温度计。
- 均质机、搅拌机或类似产品。
- 磁力搅拌器（带恒温加热板）和搅拌杆。
- 3L 烧杯。

- 铝箔。
- 筛子（孔径 180μm）。
- 分液漏斗（带龙头和支架）。
- 100mL 量筒。
- 移液管。
- 塑料培养皿。
- 体视显微镜。

试剂

- 蒸馏水或去离子水。
- 25% 盐酸。
- 胃蛋白酶。1∶12 500Bp（Bp，英国药典），相当于 1∶10 000NF（NF，美国国家处方）或 2 000FIP（FIP，国际药学联合会）。
- 90% 酒精。
- 阳性对照样品。

流程

样品处理

样品检测应在收到样品当天，或者能够按照流程完成该实验的第一个工作日开始。

如果未在收到样品当天开始检测，则应将样品保存在 2 ~ 8℃或者保存在能保持其完整性的条件下直到检测开始。如果样品在冷藏状态，应在检测开始前将样品从冰箱中取出，并在室温下保存至少 1h。

在动物饲料（100g）中加入少量温热的蒸馏水或去离子水，进行搅拌匀质处理。

如果要检测肌肉组织样品，则应沿着横纹肌剪去脂肪。将组织样品放在搅拌机或均质机中，加少量无菌水均质。如果使用电动搅拌机，搅拌机必须搅拌三到四次，每次大约 1s。如果使用均质机，应处理至少 25min。

将均质 / 混合的肉或饲料转移到 3L 烧杯中，用预热到 46 ~ 48℃的灭菌水将水补充至 2L，加入（16 ± 0.5）mL 25% 的盐酸和（10 ± 0.2）g 胃蛋白酶。

放入搅拌棒，用铝箔盖住烧杯。

将烧杯放在温度为 44 ~ 46℃的搅拌盘上，并设置一个可以达到深层搅拌而不会引起液体飞溅的搅拌速度。

将肉或饲料放在加热的搅拌盘上，直到固体颗粒溶解（大约 30min），不超过 60min。

将上述产物过 180μm 筛子后倒入量筒上方的分液漏斗中，静置约 30min。

从漏斗中取出 40mL 液体移入量筒中，静置 10min。

用移液枪小心移出 30mL 上清液，并保留不超过 10mL 的液体，倒入塑料培养皿中。向量筒中添加 10mL 无菌水，冲洗干净，并将其添加到培养皿中。

用 15 ~ 20 倍的放大倍数在立体显微镜下检查旋毛虫幼虫。将类似寄生虫形状的视野放大倍数提高到 60 ~ 100 倍，并参考寄生虫图谱进行确认。

食糜等消化物应立即检测，而不宜保存待测。

如有需要，可将可疑幼虫保存在 90% 的酒精中，以便在参考实验室保存和确认。

质量管理

参考实验室（例如英国威布里治兽医研究所的旋毛虫国家参考实验室）可以协助进一步鉴定。

旋毛虫 EQA 计划由 VetQAS（兽医研究所，英国萨顿博宁顿）执行。

实验室分析员应该使用合适的阳性对照组织来验证旋毛虫的检测和鉴定流程。

参考文献

EN SANCO/2537/2005. Laying down specific rules on official controls for Trichinella in meat. August 2005 EU. Brussels，Belgium.

动物饲料中加工动物蛋白的检测

原则和范围

朊病毒是一种小的感染性蛋白颗粒（由错误折叠的蛋白质构成的传染性病原体），它会引起一些渐进性退行性神经系统疾病，称为传染性海绵状脑病。在不同的动物群体中发现了几种特殊的类型，如牛的牛海绵状脑病、绵羊和山羊的瘙痒病、人类的变异克雅氏病、猫的猫海绵状脑病，以及骡子、麋鹿和鹿的慢性消耗性疾病。这类疾病的潜伏期可能长达 15 年甚至更长。

朊病毒对加热、福尔马林、苯酚和氯仿都有很强的抵抗力，含很少或不含核酸，在 136℃高压灭菌 4min 或 160℃干热灭菌 24h 可以杀死它们。

如果动物饲料原料中含有患病动物的蛋白产品，患病动物体内的朊病毒会在动物食品生产链中传播给其他动物或通过食用肉类传染给人类。一般来说，牛的疯牛病是由饲料中含有朊病毒的动物蛋白引起的。

欧洲和其他许多国家都禁止在养殖动物饲料原料中使用加工动物蛋白产品（猪和家禽饲料中的鱼粉除外）。

在动物饲料中检测到加工动物蛋白产品被视为动物饲料中可能存在朊病毒的标志。这包括检测动物饲料中动物来源的蛋白成分以及检测鱼粉中陆生动物的蛋白成分。可以使用传统光学显微镜、PCR，近红外显微镜成像以及免疫学技术检测。根据动物饲料的成分，传统的光学显微镜可以检测到少量的动物蛋白加工产品（<0.1%）。

本流程适用于微生物实验室待测饲料样品中加工动物蛋白的检测。

职责

- 实验室分析员。确保用于检测的所有样品按照本标准操作流程的规定进行处理，遵守所有质量保证要求并保持样品完整性。所有实验室分析员必须经过培训，能够胜任所遵循的流程，并将其记录在培训文件中。
- 实验室主管 / 主任。确保所有员工已经接受了适当的培训并且有能力来完成本流程，并使之通过参加适当的测试来确保能力水平。
- 质量保证主管。在实验室对本流程进行定期审核，确保有适当的标准操作流程可用，并监督所有人员遵守执行。

设备

- 分析天平。
- 研磨设备（研磨机或搅拌机，特别是分析脂肪含量 >15% 的饲料）。
- 筛子（孔径最大 0.5mm）。
- 分液漏斗或沉降锥形瓶。
- 体视显微镜（最小 ×40放大倍率）。
- 复式显微镜（最小 ×400放大倍率），透射光或偏振光。
- 实验室标准玻璃器皿。
- 离心机。
- 移液枪。
- 离心管。
- 水浴锅或微波炉（融化脂肪样品）。

所有设备在使用前都应彻底清洗，分液漏斗和玻璃器皿应在实验室的玻璃仪器清洗机中清洗。

筛子应使用硬毛刷清洗。

试剂

- 水合氯醛 [水溶液，60%（*W*/*V*）]。
- 筛分所用碱液 [NaOH 2.5%（*W*/*V*）或 KOH 2.5%（*W*/*V*）]。
- 石蜡油或甘油（黏度：68 ~ 81），用于沉淀物的显微观察。
- 乙醇（96%）。
- 丙酮。
- 四氯乙烯（密度 1.62）。
- 碘 / 碘化钾溶液。
- 茜素红。
- 胱氨酸试剂。
- 次氯酸钠溶液。

流程

样品处理

样品检测应在收到样品当天，或者能够按照流程完成该实验的第一个工作日开始。

如果未在收到样品当天开始检测，则应将样品保存在 2 ~ 8℃或者保存在能保持其完整性的条件下直到检测开始。如果样品在冷藏状态，应在检测开始前将样品从冰箱中取出，并在室温下保存至少 1h。

取样

应选取具有代表性的样品。

所处理的样品可以是增量样品（从产品的某一点提取）、混合样品（增量样品的集合）或简化样品（集合样品的代表性部分）。将 500g 或 500mL 混合样品或简化样品均质化，以生成用于检测的最终样品。

获取用于检测的最终样品时应采用以下准则。

样品		最小增量样本数
散装饲料	<2.5t	7
	>2.5t	$\sqrt{20}$ ×（吨数）（最多 40t）*
包装饲料 （不超过 1kg）	1 ~ 4 包	全部
	5 ~ 16 包	4
	>16 包	$\sqrt{包裹个数}$（最多 20 包）*
	包裹≤ 1kg	4
液体 / 半液体饲料 （容器 >1L）	1 ~ 4 个容器	全部
	4 ~ 16 个容器	4
	>16 个容器	$\sqrt{包裹个数}$（最多 20 个）*
	容器≤ 1L	4
	饲料块或舔砖样品	每 25 个单位选 1 个

*如果计算得出小数，则应四舍五入。

对于小于 1kg 或 1L 的包装，或容器和重量小于 1kg 的饲料样品，增量抽样应为 1 个包装或容器内的样品。

混合样品不应超过 4kg、4L 或 4 块饲料样品的重量。如果提交的样品不超过 1kg 或 1L，则混合样品应来自 4 个原始包装 / 容器。应从混合样品中抽取 500g 或 500mL 作为检测的最终样品。

对于量大的样品，应采用以下准则。

样品		每次提交的最小样本总数
散装饲料	≤ 1t	1
	1 ~ 10t	2
	10 ~ 40t	3
	>40t	4

（续表）

样品		每次提交的最小样本总数
包装饲料	1 ~ 16 包	1
	7 ~ 200 包	2
	201 ~ 800 包	3
	>800 包	4

以下方法适用于处理低水分饲料。水分含量高于 14% 的饲料应提前进行干燥处理（浓缩）。

特殊饲料或饲料原料（如脂肪、油）需要专门处理（见“流程”末尾的附加信息）。

动物来源的成分根据其典型的、显微镜下可识别的特征（即肌肉纤维和其他肉类颗粒、软骨、骨、角、毛、鬃、血、羽毛、蛋壳、鱼骨、鳞片）进行鉴定，且必须对样品过筛后的筛上物和过四氯乙烯的沉淀物进行鉴定。

如果这两个组分都作为单独的样品进行分析，则需要对颗粒饲料进行预筛选。

取至少 50g 样品进行处理（必要时使用合适的研磨设备小心研磨以达到合适的精细度）。从样品中取出两个具有代表性的部分，一部分用筛子分离，另一部分用有机溶剂分离（都至少 5g）。

可以使用染色试剂进行着色，以辅助识别。

为了鉴别动物蛋白的性质和颗粒的来源，可以使用诸如 ARIES 之类的决策支持体系，并且记录参考样品。

筛选分离物中动物源蛋白成分的鉴定

将至少 5g 样品通过 0.5mm 筛子分成筛上物和筛下物两部分。

将含有大颗粒（或筛上物的代表性部分）的筛上物放至合适的载体上，在体视显微镜下以不同的放大倍数对动物来源的成分进行系统筛选。

将含有细小颗粒的筛下物在复式光学显微镜下以不同的放大倍数对动物来源的成分进行系统筛选。

分离沉淀物中动物源性成分的鉴定

将样品［（5 ± 0.1）g］转移到分液漏斗或沉降锥形瓶中，加入四氯乙烯（50mL），反复摇动或搅拌混合物。

如果使用封闭的分离漏斗，则应在分离出沉淀物之前，将混合物静置至少 3min。重复摇动，使沉淀物再次静置至少 3min，然后将沉淀物分离出来。

如果使用敞口烧杯，则应在分离出沉淀物之前，将沉淀物静置至少 5min。

分离出的沉淀物应先干燥后称重（精确到 0.001g）。如果干燥的沉淀物由许多大颗粒组成，则可以将其通过 0.5mm 筛子分成两个部分。如前所述，应在体视显微镜和复式光学显微镜下检查干燥沉淀物中的骨骼成分。

通过使用多种包埋和染色试剂，可以提高鉴别能力和清晰度，为动物源性成分的鉴定提供支持。

水合氯醛

通过小心加热，可以更清楚地看到细胞结构。因为淀粉颗粒变成胶状，多余的细胞内容物被去除。

碱液（氢氧化钠或氢氧化钾）

清除饲料中的杂质，帮助检测肌肉纤维、毛发和其他蛋白结构。

石蜡油和甘油

因为骨骼中大多数腔隙仍充满空气，并以约 5 ~ 15μm 的空洞形式出现，因此使用这种包埋剂可以很好地识别骨骼成分。

碘/碘化钾溶液

碘 / 碘化钾溶液的制备：将 2g 碘化钾溶于 100mL 水中，并在不断摇动的同时添加 1g 碘。

用于检测淀粉（蓝紫色）和蛋白质（橙黄色）。如果需要，可以将溶液稀释。

茜素红溶液

茜素红溶液的制备：用 100mL 水稀释 2.5mL 1M 盐酸，并向该溶液中添加 200mg 茜素红。

骨骼、鱼骨和鳞片呈红色或粉红色。在干燥沉淀物之前，应将总沉淀物转移到玻璃试管中，用大约 5mL 酒精冲洗两次（加入 5mL 酒精，旋涡，静置 1min，除去上清液）。

在使用染色剂之前，应加入至少 1mL 次氯酸钠溶液漂白沉淀物，并静置 10min，然后向试管中加入水，使沉淀物沉降。静置 2 ~ 3min 后，将水和悬浮颗粒倒掉。用约 10mL 水将沉淀物再漂洗 2 次（加入 10mL 水，涡旋，静置 1min，然后除去上清液）。

加入 10 滴（或更多，取决于沉淀的残留量）茜素红溶液，摇动混匀。用约

5mL 酒精将有色沉淀物漂洗 2 次，然后用丙酮漂洗一次。每次漂洗时，需涡旋然后静置约 1min 后倒出。

之后准备烘干沉淀物。

半胱氨酸试剂

半胱氨酸试剂的制备：2g 醋酸铅，10g 氢氧化钠 /100mL 水。

通过小心加热，含半胱氨酸的成分（头发、羽毛等）变成黑褐色。

饲料中鱼粉的检测

在复式光学显微镜下，分别从原始样品筛下物和沉淀物的筛下物中至少检查一张载玻片。

如果标签表明成分包括鱼粉，或者在初次检查中怀疑或检测到鱼粉的存在，则应另外检查至少 2 个原始样品筛下物和沉淀物的筛下物载玻片。

以下方法可用于油脂类的分析：

- 如果脂肪是固体，则将其加热到液体，可通过水浴或微波炉来完成。
- 使用移液管将 40mL 脂肪从样品底部转移到离心管中。
- 以 2 700×g 的速度离心 10min。
- 如果离心后的脂肪为固体，则将其加热至液体。
- 以 2 700×g 的速度离心 5min。
- 使用小勺子或刮刀将分离出的杂质的一部分转移到一个小培养皿或显微镜载玻片上，对动物成分（肉纤维、羽毛、骨头碎片等）的可能含量进行显微鉴定。
- 建议使用石蜡油或甘油作为显微镜的包埋剂。

计算和评估

只有当动物源性成分中包含骨碎片时才能进行计算。

陆地上的恒温动物（即哺乳动物和鸟类）的骨碎片可以通过典型的腔隙与鱼骨区分开。

估算样品材料中动物来源成分的比例时要考虑以下因素。

沉淀中骨片的估计比例（重量百分比）和动物来源成分中骨的比例（重量百分比）。

估算必须观察至少 3 个玻片，每个玻片至少 5 个区域。在配合饲料中，沉淀物通常不仅包含陆生动物骨骼和鱼骨碎片，而且还包含其他高比重的颗粒，如矿物、沙子、木质植物残渣等。

骨碎片百分比的估算值：

- 陆生动物骨块百分比 =（$S \times c$）/W。
- 鱼骨和鱼鳞碎片百分比 =（$S \times d$）/W。

在上述的公式当中

- S= 沉淀物重量（mg）。
- c= 沉淀物中陆生动物骨骼的估计部分的校正系数（%）。
- d= 沉淀物中鱼骨和鱼鳞碎片的估计部分的校正系数（%）。
- W= 样本的重量（mg）。

动物源性成分的估计值

动物产品中骨骼的比例可能有很大差异。骨粉中骨的比例通常为 50% ~ 60%，而肉粉中骨的比例通常为 20% ~ 30%。鱼粉中骨和鳞的含量因为鱼粉的种类和来源不同而有差异，但通常为 10% ~ 20%。

如果样品中存在的动物粉类型是已知的，则可以估计其含量：

- 陆生动物产品成分的估计含量（%）=（$S \times c$）/（$W \times f$）$\times 100$。
- 鱼产品成分的估计含量（%）=（$S \times d$）/（$W \times f$）$\times 100$。

在上述的公式当中

- S=沉淀物重量（mg）。
- c= 沉淀物中陆生动物骨成分估计部分的校正系数（%）。
- d= 沉淀物中鱼骨和鳞片碎片的估计部分的校正系数（%）。
- f= 所检验样本中骨骼在动物来源成分中所占比例的校正系数。
- W= 样本的重量（mg）。

计算

实验室报告应至少应包含陆生动物和鱼粉成分来源的信息。根据欧盟委员会第 152/2009 号条例（规定饲料官方控制的抽样和分析方法），应按以下方式报告不同的情况。

关于陆生动物的来源成分

- 在显微镜所能辨别的范围内，提交的样品中未检出来自陆生动物的成分。
- 在显微镜所能辨别的范围内，提交的样品中检出了来自陆生动物的成分。
- 如果鉴定出陆生动物的骨骼成分，报告还应包含附加条款："不能排除上述成分来自哺乳动物的可能性。"
- 如果陆生动物的骨骼碎片已被确定为家禽或哺乳动物的骨骼碎片，则无须附加条文。

关于鱼粉

- 在显微镜下所能辨别的范围内，提交的样品中未检出来自鱼类的成分。
- 在显微镜下所能辨别的范围内，提交的样品中检出了来自鱼类的成分。

如果发现来自鱼类或陆生动物的成分，如有需要，检查结果报告可进一步说明检测到的成分含量的比例估计值（<0.1%、0.1% ~ 0.5%、0.5% ~ 5% 或 >5%）。

如果需要，可以进一步说明陆生动物的类型和所鉴定的动物成分（肌肉、软骨、骨头、牛角、头发、刚毛、羽毛、血液、蛋壳、鱼骨、鱼鳞）。

估计动物成分含量时应说明使用的校正系数 f。

参考文献

European Commission Regulation（EC）No 152/2009.-Laying down the methods of sampling and analysis for the official control of feed. January 2009. EU，Brussels, Belgium.

本手册的审核人员名单

Andreas Adler
Österreichische Agentur für Gesundheit
Und Ernährungssicherheit GmbH
Institut für Tierernährung und Futtermittel Abt. Kartoffelprüfung,
Mikro-& Molekularbiologie
A-4020 Linz, Wieningerstraße 8,
Austria
e-mail: andreas.adler@ages.at

Jim Balthrop
Office of the Texas State Chemist
Quality Assurance Manager
P.O. Box 3160
College Station, Texas 77841, USA
e-mail: jeb@otsc.tamu.edu

Harinder P.S. Makkar
Animal Production Officer
Animal Production and Health Division
Food and Agriculture Organization of the United Nations
Viale delle Terme di Caracalla
00153, Rome, Italy
e-mail: harinder.makkar@fao.org

Alicia nájera Molina
International QA Manager
Masterlab BV,
The Netherlands
e-mail: a.najera@nutreco.com

Michael Runyon
Office of the Texas State Chemist
Quality Assurance Manager
P.O. Box 3160
College Station，Texas 77841，USA
e-mail: mmr@otsc.tamu.edu

Alfred Thalmann
Elbinger Str. 10c
D 76139 Karlsruhe
Germany
e-mail: alfred-thalmann@t-online.de
（Formerly: Staatliche Landwirtschaftliche Untersuchungs-und Forschungsanstalt Augustenberg or Landwirtschaftliches Technologiezentrum Augustenberg）

Stijn Van Quekelberghe
Technical Responsible Food Chemistry-R&D
Chemiphar n.v.
Lieven Bauwensstraat 4，B-8200 Brugge
Belgium
e-mail: stijn.vanquekelberghe@chemiphar.com

Wolfgang Wagner
Sachgebietsleiter Mikrobiologie und Molekularbiologie
Landwirtschaftliches Technologiezentrum Augustenberg
Neßlerstraße 23-31
76227 Karlsruhe
Germany
e-mail: wolfgang.wagner@ltz.bwl.de

联合国粮食及农业组织动物生产与健康系列图书

1. Small-scale poultry production，2004（E，F，Ar）
2. Good practices for the meat industry，2006（E，F，S，Ar）
3. Preparing for highly pathogenic avian influenza，2006（E，Ar，R，S^e，F^e，Mk^e）
3. Revised version，2009（E）
4. Wild bird HPAI surveillance-a manual for sample collection from healthy，sick and dead birds，2006（E，F，R，Id，Ar，Ba，Mn，S^e，C^e，）
5. Wild birds and avian influenza-an introduction to applied field research and disease sampling techniques，2007（E，F，R，Ar，Id，Ba，S**）
6. Compensation programs for the sanitary emergence of HPAI-H5N1 in Latin American and the Caribbean，2008（E^e，S^e）
7. The AVE systems of geographic information for the assistance in the epidemiological surveillance of the avian influenza，based on risk，2009（E^e，S^e）
8. Preparation of African swine fever contingency plans，2009（E，F，R，Hy，Ka，S^e）
9. Good practices for the feed industry-implementing the Codex Alimentarius Code of Practice on good animal feeding，2009（E，C，F**，S**，Ar**，P**）
10. Epidemiología Participativa-Métodos para la recolección de acciones y datos orientados a la inteligencia epidemiológica，2011（S^e）
11. Good emergency management practices: The essentials，2011（E，F，S*）
12. Investigating the role of bats in emerging zoonosese-Balancing ecology，conservation and public health interests，2011（E）
13. Rearing young ruminants on milk replacers and starter feeds，2011（E）
14. Quality assurance for animal feed analysis laboratories，2011（E）
15. Conducting national feed assessments，2012（E）
16. Quality assurance for microbiology in feed analysis laboratories，2013（E）

Availability: May 2013

Ar—Arabic	Multil—Multilingual
C—Chinese	*—Out of print
E—English	**—In preparation
F—French	[e]—E-publication
P—Portuguese	
R—Russian	Mk—Macedonian
S—Spanish	Ba—Bangla
Mn—Mongolian	Hy—Armenian
Id—Bahasa	Ka—Georgian

联合国粮食及农业组织动物生产与健康系列图书可通过联合国粮食及农业组织授权的销售代理商获得，也可直接从联合国粮食及农业组织销售和营销组（Viale delle Terme di Caracalla，00153 Rome，Italy）获得。

联合国粮食及农业组织动物健康手册

1. Manual on the diagnosis of rinderpest，1996（E）
2. Manual on bovine spongifom encephalophaty，1998（E）
3. Epidemiology，diagnosis and control of helminth parasites of swine，1998
4. Epidemiology，diagnosis and control of poultry parasites，1998
5. Recognizing peste des petits ruminant-a field manual，1999（E，F）
6. Manual on the preparation of national animal disease emergency preparedness plans，1999（E）
7. Manual on the preparation of rinderpest contingency plans，1999（E）
8. Manual on livestock disease surveillance and information systems，1999（E）
9. Recognizing African swine fever-a field manual，2000（E，F）
10. Manual on participatory epidemiology-method for the collection of action-oriented epidemiological intelligence，2000（E）
11. Manual on the preparation of African swine fever contigency plans，2001（E）
12. Manual on procedures for disease eradication by stamping out，2001（E）
13. Recognizing contagious bovine pleuropneumonia，2001（E，F）
14. Preparation of contagious bovine pleuropneumonia contingency plans，2002（E，F）
15. Preparation of Rift Valley fever contingency plans，2002（E，F）
16. Preparation of foot-and-mouth disease contingency plans，2002（E）
17. Recognizing Rift Valley fever，2003（E）